우리나라의 모든 명당

풍산록

風 · 山 · 錄

우리나라의 모든 명당

풍산록

風·山·錄

이재영 지음

한국학술정보

머리말

　공부는 어렵다고 하면 할수록 쉽게 이루어질 리가 없다. 풍수 공부는 어떤가. 그렇다면 풍수 공부는 쉬운가, 어려운가를 놓고 판단해 보자. 물론 여타 공부와 마찬가지로 풍수 공부 또한 쉬운 것은 아니다. 그러나 풍수지리는 이치를 알면 어렵지 않다는 것을 이해할 수가 있다. 다른 공부와는 달리 풍수 공부가 어려운 이유는 현장이 있다는 것이다. 이 공부는 현장을 떠나서는 자연을 이해할 수가 없다는 것이기 때문이다. 이래서 풍수는 산지산, 서지서라 한 것이다. 즉, 산지산이란 산은 산이라 하였고, 서지서란 글은 글로서 끝이 난다는 의미이다. 즉, 풍수는 山書不二가 되어서는 결코 이루어지지 않는다는 것이다. 이러한 공부는 평생 해도 끝이 보이지 않는다. 그래서 풍수 공부 나무아미타불이라고 하였다. 이처럼 풍수는 글과 자연이 하나가 되어야 한다. 그에 대한 대답은 있다. 혹자는 풍력이 얼만가라고 말하기도 한다. 풍수 공부를 한 지가 얼만지, 언제 시작하였는지를 묻는 말이다. 통상 공부를 시작한 지가 10년이 되었다, 20년이 지났다고 하여 풍력의 기간을 중요시한다. 문제는 여기에 있다. 간산의 경력을 말하는데, 먼저 간산의 종류를 알아야 한다. 간산과 관산, 관산과 유산의 의미를 알아야 한다는 것이다.* 통상 관산은 한 달에 1번 정도로 1일 5개소를 본다고 한다. 이러한 관산은 1년이면 몇 번인가를 생각해 보자. 또는 선학도가 후학도에게 풍수 공부해서 몇 군데를 보았는가를 물어 보곤 한다. 이러한 질문을 두고 우리는 생각한다. 풍수 공부의 중요성은 몇 년이 어떻고의 논리보다는 몇 개소의 논리가 더 중요하지 않을까 하는 것이다. 물론 시간의 개념을 무시하는 것은 아니다. 그러나 세월만 보낸다고 하여 풍수 공부가 되는 것은 아니다. 이처럼 현장을 알기 위해서는 관산의 대상지가 있어야 한다. 이러한 사유로 현장의 주소가 있는 유산록을 붙임하였으므로 풍수학술인들에게는 꼭 필요하리라 본다.

이러한 폐단을 방지하고자 본서는 대중을 위해 서둘러 발간하고자 하였다. 어느 정도의 풍수 공부가 된다면 혼자서도 공부할 수가 있도록 하기 위한 풍산록이다. 혼자 관산을 하고자 하여도 풍수관산의 대상지를 몰라 우물 안 개구리 모양처럼 자기가 생활하는 반경에

---

* 유산은 장익호의 『유산록』에서 볼 수 있듯이 여유를 가지고 관산을 하는 것이며 간산은 수박의 겉만 보고 속을 알려고 하는 것과 같다. 즉, 수박은 먹어 봐야 알지만 먹어 보지를 않고 하는 것으로 묘지의 봉우리만 보는 것이다. 이에 비해 관산은 산의 자연을 보지만 세밀하게 보고자 하는 방법으로의 관산이다. 이 부분에 대해서는 본 내용의 머리글과는 의도가 다르므로 다음 장에서 밝히기로 한다.

만 머물게 된다. 이런 경우는 숲을 보고도 나무만 이해하는 것으로 해석된다. 관광시 관광안내서가 없으면 막연한 것처럼, 풍수는 관산 대상지가 없으면 공부가 어렵다. 그렇다고 하여 무작정 다닐 수도 없다. 이러한 맹점을 방어하기 위한 방법이 출간의 목적이기도 하다.

따라서 본서는 풍수 공부를 처음 하는 초학자에게는 안내서가 될 것이며, 오랜 세월 동안 공부한 숙련가에게는 문호가 넓어질 수 있는 기회의 장이 될 것이며, 학술인에게는 보다 깊이 있게 관산을 할 수 있는 책자가 될 것이다.

계사년 우수 서재에서 저자

일러두기

1. 대상지는 풍수 관산지, 왕릉 그리고 음택과 양택은 혈장의 5악과 3성을, 양기는 사신사가 주가 됨을 판단하여 언급하였다.

1. 대상지의 표기는 유명인을 대상으로 하였고, 그러하지 않을 경우에 음택은 고인의 이름을 대상으로, 그다음에는 확인을 하기 쉬운 이름으로 언급하였다.

1. 5악과 3성에 대한 내용은 추가적으로 현장 사진을 붙임할 계획으로 지금까지 정리된 내용만을 언급하였으며 추후 정리할 계획이다.

1. 이 저서는 풍수 공부를 하는 초학자는 물론 풍수학·술인들이 참고가 될 것으로 지금 단계까지의 사항이라 미흡함이 많다. 미흡한 부분은 계속 보완하여 나갈 것이다.

1. 풍산록은 전국에 산재된 내용으로 풍수학술인에게 필요한 서책이므로 빠른 시간 내 보급을 원칙으로 하여 내용이 편성되었다. 따라서 주소 등 수록한 부분에 오탈자가 있을 수가 있다. 이 점에 대해 양해 바라며 계속적으로 정리할 것이다.

1. 현장의 관산을 위해 대구한의대학교 사회개발대학원 풍수 석사과정의 후배 동문들과 평생교육원 수학자들의 도움이 있었음

을 밝힌다.

1. 풍수지리학을 연구하는 연구자들은 좋은 관산지가 있을 경우, 공유했으면 하는 생각이다. 이 점 넓은 이해를 바라는 마음이다.

1. 본서는 김희철 교수의 묘지답사 안내를 참고하였고 이명렬 교수의 도움이 있었음을 분명히 밝힌다.

1. 그림, 도면 등은 계속적으로 첨부할 계획이다.

1. 추가적인 관산 대상지는 다음 서책에서 첨부할 계획이다.

1. 의문사항이나 질문사항은 반갑게 맞이할 것이며 다음은 본인의 메일이다.

ljy5518@hanmail.net

목차

머리말 4

일러두기 7

풍산록이란? 15

광역시도별 관산지

서울특별시   23
1. 종로구   24
2. 중구   25
3. 용산구   25
4. 성동구   25
5. 광진구   26
6. 동대문구   26
7. 중랑구   27
8. 성북구   27
9. 강북구   27
10. 도봉구   28
11. 노원구   28
12. 은평구   29
13. 서대문구   29
14. 마포구   30
15. 양천구   30
16. 강서구   30
17. 구로구   31
18. 금천구   32
19. 영등포구   32
20. 동작구   32

21. 관악구   34
22. 서초구   34
23. 강남구   35
24. 송파구   36
25. 강동구   36

부산광역시   37
1. 중구   37
2. 서구   37
3. 동구   38
4. 영도구   38
5. 부산진구   38
6. 동래구   39
7. 남구   40
8. 북구   40
9. 해운대구   40
10. 금정구   41
11. 강서구   41
12. 연제구   41
13. 수영구   42
14. 사상구   42
15. 기장군   42

대구광역시　43
1. 중구　43
2. 동구　44
3. 서구　46
4. 남구　46
5. 북구　47
6. 수성구　48
7. 달서구　48
8. 달성군　49

인천광역시　52
1. 중구　52
2. 동구　52
3. 남구　53
4. 연수구　53
5. 남동구　53
6. 부평구　54
7. 계양구　54
8. 서구　55
9. 강화군　55
10. 옹진군　57

광주광역시　58
1. 동구　58
2. 서구　58
3. 남구　59
4. 북구　59
5. 광산구　60

대전광역시　61
1. 동구　61
2. 서구　62

3. 중구　63
4. 유성구　63
5. 대덕구　64

울산광역시　65
1. 중구　65
2. 남구　65
3. 동구　66
4. 북구　66
5. 울주군　66

세종특별자치시　68

특별자치도 및 도별 관산지

경기도　73
1. 수원시　73
2. 성남시　75
3. 의정부시　78
4. 안양시　79
5. 부천시　79
6. 광명시　80
7. 평택시　80
8. 동두천시　81
9. 안산시　82
10. 고양시　83
11. 과천시　88
12. 구리시　88
13. 남양주시　89
14. 오산시　91
15. 시흥시　92

16. 군포시	93	
17. 의왕시	94	
18. 하남시	95	
19. 용인시	96	
20. 파주시	101	
21. 이천시	104	
22. 안성시	105	
23. 김포시	106	
24. 화성시	107	
25. 광주시	109	
26. 양주시	110	
27. 포천시	114	
28. 여주군	117	
29. 연천군	120	
30. 가평군	121	
31. 양평군	122	

강원도　125
1. 춘천시　125
2. 원주시　126
3. 강릉시　127
4. 동해시　128
5. 태백시　128
6. 속초시　129
7. 삼척시　129
8. 홍천군　130
9. 횡성군　130
10. 영월군　131
11. 평창군　132
12. 정선군　132
13. 철원군　132
14. 화천군　133

15. 양구군　133
16. 인제군　133
17. 고성군　134
18. 양양군　134

충청북도　135
1. 청주시　135
2. 충주시　136
3. 제천시　137
4. 청원군　137
5. 보은군　140
6. 옥천군　140
7. 영동군　141
8. 증평군　142
9. 진천군　143
10. 괴산군　144
11. 음성군　146
12. 단양군　148

충청남도　149
1. 천안시　149
2. 공주시　151
3. 당진시　153
4. 보령시　155
5. 아산시　155
6. 서산시　158
7. 논산시　158
8. 계룡시　163
9. 금산군　163
10. 부여군　164
11. 서천군　165
12. 청양군　166

13. 홍성군	166	
14. 예산군	167	
15. 태안군	170	
전라북도	**171**	
1. 전주시	171	
2. 군산시	172	
3. 익산시	173	
4. 정읍시	174	
5. 남원시	176	
6. 김제시	178	
7. 완주군	178	
8. 진안군	180	
9. 무주군	180	
10. 장수군	181	
11. 임실군	181	
12. 순창군	182	
13. 고창군	185	
14. 부안군	186	
전라남도	**187**	
1. 목포시	187	
2. 여수시	187	
3. 순천시	188	
4. 나주시	189	
5. 광양시	190	
6. 담양군	190	
7. 곡성군	191	
8. 구례군	192	
9. 고흥군	193	
10. 보성군	193	
11. 화순군	194	

12. 장흥군	195
13. 강진군	195
14. 해남군	196
15. 영암군	196
16. 무안군	197
17. 함평군	197
18. 영광군	198
19. 장성군	198
20. 완도군	199
21. 진도군	200
22. 신안군	200
경상북도	**203**
1. 포항시	203
2. 경주시	205
3. 김천시	213
4. 안동시	214
5. 구미시	222
6. 영주시	230
7. 영천시	234
8. 상주시	244
9. 문경시	247
10. 경산시	248
11. 군위군	251
12. 의성군	256
13. 청송군	259
14. 영양군	261
15. 영덕군	262
16. 청도군	263
17. 고령군	266
18. 성주군	268
19. 칠곡군	272

20. 예천군 274
21. 봉화군 279
22. 울진군 280
23. 울릉군 281

경상남도 282
1. 창원시 282
2. 진주시 284
3. 통영시 286
4. 사천시 286
5. 김해시 287
6. 밀양시 289
7. 거제시 293
8. 양산시 294
9. 의령군 295
10. 함안군 296
11. 창녕군 297
12. 고성군 299
13. 남해군 300
14. 하동군 300
15. 산청군 301
16. 함양군 303
17. 거창군 304
18. 합천군 304

제주특별자치도 309
1. 제주특별자치도
   제주시 309

2. 제주특별자치도
   서귀포시 310

〈부록〉

조선의 왕릉 313

우리나라의

8대 명당 318

우리나라의

100대 명당 321

참고문헌 419

풍산록(風山錄)이란?

풍산록이란 풍수지리의 대상이 산이고 사람이 이를 기록해 놓은 책을 말하며 유산록과 의미가 유사하다. 국어사전의 힘을 얻어 어휘를 놓고 보면 다음과 같다. 간산(看山)[1]은 산을 보고 묏자리를 얻으려고 하는 것을 의미하며 관산(觀山)은 산을 보고 여러 가지를 생각함으로써 풍수적 의미를 함축하는 것이다. 유산(遊山)은 여유를 가지고 산에서 휴식 등을 가지면서 묘지 등을 보는 것이며 답산(踏山)은 무덤자리나 양택을 답사하는 것으로 看山과 유사하므로 관산으로 통칭함이 가할 것이다. 이러한 것을 놓고 기록함으로써 전체적인 의미가 들어 있고 통칭되는 어휘로 이를 풍산록이라 하였다.

풍수를 관산하는 방법은 광의로 보면 한반도를 놓고 세분화해 볼 필요가 있다. 크게는 한반도 전체가 되겠지만 지금은 남북이 갈라져 있어 위도 38선 이북은 불가능하고 이남에서만 가능함은 우리의 이해가 있어야만 한다. 우리나라의 한반도를 보기 전에 세계 전도를 놓고 보면 편하다. 아래의 세계 전도는 우리나라가 경도 90도와 적도상에서 간방에 위치함을 의미하고 세계 속의 대한민국이 명당임

---

1) 이숭녕, 『국어대사전』, 민중서관, 1978.

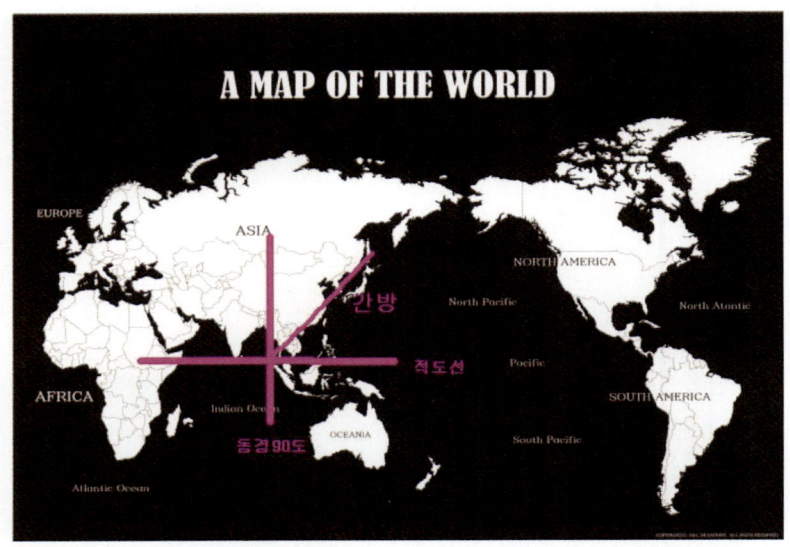

한국: 간방의 땅—주역에서의 동북

세계 속의 한국 명당

을 우회적으로 설명한 것이다.[2] 또한 간방은 주역으로 말하면 후천으로 앞으로 길한 세계가 온다고 하는 방위이다.[3]

다음은 우리나라를 8도별로 놓고 재미를 붙이고 멋을 부리고자 하여 사람의 형체와 동물의 모양을 놓고 형국을 논하기도 하였다. 인체와 동물을 대상으로 하여 보면 함경도는 사람의 머리와 물고기로는 장어, 평안도는 얼굴과 매, 황해도는 손과 소, 경기도는 가슴과 호랑이, 강원도는 갈빗대와 꿩, 충청도는 복부와 까치, 경상도는 다리와 돼지, 전라도는 발과 원숭이와 비슷하다고 하여 빗대어 말하고 있다.[4] 이에 비해 우리나라의 8도에 대해 사람의 풍수적 인성론으로 주장을 하기도 하였다. 라학천 풍수사는 새롭게 주장을 하였다. 함경도 사람은 우직하지만 지혜를 가진 우직지협, 평안도 사람은 의지가 강해 용감하고 날쎈 건강용예, 황해도 사람은 느리고 어리석어 옹골차지 못한 우준무실, 경기도 사람은 앞에서는 억세고 뒤에서는 부드러운 선용후유, 강원도 사람은 집 안에 있으며 지식이 부족한 칩복지단, 충청도 사람은 행동이 경솔하지만 용맹스러운 부경용호, 경상도 사람은 어리석고 순하고 질박하고 참된 기질을 가진 우순질신, 전라도 사람은 꾀가 많으나 기교가 경솔한 허교경예라고 하였다.[5] 또한 공자는 "마을의 풍속이 착하면 아름다운 곳이 되며 아름다운 곳을 가려서 살지 않으면 지혜롭지 않다."[6]라고 하였다. 따라서 땅을 선택하는 방법으로 『택리지』를 지은 이중환은 함경도는 오

---

2) 이몽일, 『한국풍수사상사』, 명보문화사, 1991. pp.210-211.

3) 김진규, 『아산의 주역강의』, 소강, 2002.

4) 이몽일, 같은 책, p.130. 라학천의 주장.

5) 라학천, 『라학천비결』, 팔도명산비, 필사본.

6) 공자, 里仁爲美 擇不處仁 焉得智라 하여 아름다운 곳에서 살라고 하였다.

랑캐와 접경 지역으로 굳세고 날래며, 평안도는 인심이 순후하며, 황해도는 산수가 험악하므로 사납고 포악하며, 경기도는 물자가 드물어 쇠하고, 강원도는 산골짜기로 불손하며, 충청도는 양반이란 세도와 재리에만 생각하고, 경상도는 진실하고 성실하고, 전라도는 전상교험하다고 하였다.[7] 규장각 학자 윤형임은 함경도인에 대해서는 강인한 의지와 인내력을 가진 泥中鬪狗, 평안도 사람에게는 용맹하고 과단성이 있다는 뜻의 猛虎出林, 황해도 사람에게는 고난을 이겨내는 근면성이 있다 하여 石田耕牛, 경기도 사람에게는 이지적이고 명예를 존중한다는 鏡中美人, 강원도 사람은 자기 할 일을 하는 岩下老佛, 충청도 사람은 고상한 면이 있음을 의미하는 淸風明月, 경상도 사람은 웅장한 기개가 있음을 의미하는 泰山喬嶽, 전라도 사람에게는 시대에 민감하게 살아간다는 風前細柳라 하여 부드럽고 길한 의미로 해석을 하였다.[8]

풍수는 왕릉에서 찾아야만 풍수 공부가 된다고 한다. 조선시대의 왕릉은 풍수의 시금석이기 때문이다. 이러한 이유로 조선 왕릉의 위치를 넣어 삽입하였다. 이 부분은 필자의 논문이 참고가 될 것이다. 이를 참고하여 보면 독자는 많은 도움이 되리라 생각한다.[9]

풍수가 발전되어야 한다는 의미에서 한국의 100대 명당(5악과 3성)에 대해 서책의 말미에 실었다. 5악은 혈장을 구성하는 것으로 풍수고전에서 설명한다. 이는 승금과 상수와 인목을 의미한다. 승금은 입수를, 상수는 좌·우 선익을, 인목은 전순을 의미한다.[10] 이러

---

7) 이중환, 『택리지』, 복거총론, 인심조.

8) 경기도, 『경기도사』, 1982.

9) 이재영, 「조선왕릉의 풍수지리적 해석과 계량적 분석 연구」, 동방대학원대학교 박사논문, 2009.
   「조선왕릉의 풍수지리적 해석과 특성 연구」, 『남도문화연구』, 순천대학교 남도문화연구소, 2012.

한 요소들이 혈증이다. 3성은 승금과 인목 상수에 붙어 있는 사를 말한다. 승금에는 귀성이, 인목에는 전순이, 상수에는 좌우 선익이 있으면 혈을 증명하는 것이다. 이처럼 5악과 3성이 있으면 혈이 되는 요소로 중요시된다. 따라서 필자는 풍수 연구를 하면서 현장에서 익힌 5악과 3성의 대상지를 확인하였다. 이러한 대상지를 후학들이 확인한다면 풍수지리 공부에 많은 도움이 되리라 생각한다. 여기의 대상지를 놓고 현장에 가서 확인하면 될 것이라고 하는 논리를 말하는 것이다. 그러한 의미로 본서의 말미에 첨부하였다.

---

10) 상수와 인목을 바꾸어 해석하는 경우도 있음을 밝힌다.

광역시도별 관산지

북한을 제외한 우리나라에는 2,000여 개에 달하는 명당이 있다. 그 대상을 광역시도별로 나누어 제시하였다. 제일 많은 대상지를 보유한 곳은 경상북도로 500 여개의 관산지를 보유하고 있다. 우리나라의 인재는 영남에 있다는 말이 틀린 것은 아닌 것 같다.

서울특별시

　북한을 제외한 우리나라에는 2,000여 개소에 달하는 풍수 대상지가 있다. 그 대상은 광역시도별로 나누어 제시하였다. 제일 많은 대상지를 보유한 경상북도로 500여 개의 관산지를 보유하고 있다. 우리나라의 인재는 영남에 있다는 말이 틀린 것은 아닌 것 같다.

　풍수사는 서울과 경기 인천을 인체에 대응하여 가슴에 해당된다 하였으며 동물로 비교해서는 호랑이형에 가깝다고 하였으며 사람으로 비유하여 선용후유(先勇後柔)라 하였다.[11] 또한 이중환[12]은 민물조폐(民物凋弊)라 하였고, 윤형임[13]은 경중미인(鏡中美人)이라 하여 호평하였다.

　서울특별시는 25개 구에 100여 개소이다. 서울의 규모에 비해 왜소하다. 그러나 서울에는 경복궁과 5대의 거대한 조선의 궁궐이 있는 곳이다.

---

11) 라학천비결, 『팔도명산비』, 필사본. 이몽일, 『한국풍수사상사』, 명보출판사, 1991. p.130. 재인용.
12) 이중환, 『택리지』, 복거총론, 인심조.
13) 『경기도사』, 제2권, 1982. 이몽일, 앞의 책, 재인용.

1. 종로구 - 9개소

(1) 경복궁: 종로구로 조선의 정궁이었다.

(2) 동묘: 선조 사당. 정유재란 때 명군의 행패가 있었다. 중국 풍수사 섭정국이 점혈한 곳이다.

(3) 석파정: 부암동 201번지에 위치한다. 철종 김흥근(이조판서 영의정)의 별장이 있다. 홍선대원군의 호는 석파이다.

(4) 성균관: 명륜동 성균관 대학교 내에 위치한다. 북악산이 소조산이며 조산은 남산이다. 안산과 백호는 길하다.

(5) 육상궁: 궁정동 1-1번지에 위치한다. 숙종의 후궁, 영조의 생모 숙빈 최씨의 사당(덕안궁, 경우궁, 선희궁, 대빈궁, 저경궁, 연호궁)이 있는 곳이다.

(6) 윤보선 생가: 안국동 8-1번지에 위치한다. 대통령이 난 자리이다.

(7) 이화장: 이화동 1번지에 위치한다. 이화동사무소에서 문의하면 길을 안내해 준다. 이승만 대통령이 생활했던 곳이다.

(8) 이색: 수송동 91번지에 위치한다. 한산 이씨로 목은 선생의 영정이 있다.

(9) 청와대: 세종로 1번지에 위치한다. 대통령이 근무하는 집무실이다.

2. 중구－4개소

(1) 덕수궁: 정동 1－23번지에 있다. 성종의 형 월산대군의 집이었다. 임진왜란 후 행궁이었으며 인목대비가 거처하였던 곳이다.

(2) 박정희 사저: 중구 신당동 시장 골목 옆이다. 지금은 육영재단이 관리한다.

(3) 원구단: 소공동 87번지로 구조선호텔 자리이다. 天子가 하늘에 제사를 올리는 곳이다.

(4) 태평관 터: 서소문 58－19번지에 위치한다. 조선 초기 명나라 사신을 접대한 곳이다.

3. 용산구－2개소

(1) 명화전: 보광동 168번지에 위치한다. 김유신 장군의 사당이 있는 곳이다.

(2) 효창원: 효창동 효창공원에 위치한다. 의빈 김씨 무덤은 이곳에서 서삼릉으로 이장되었고 이봉창, 윤봉길, 백정기, 이동녕, 차리석, 조성천 유해가 이장되었다.

4. 성동구－2개소

(1) 남이장군 사당: 사근동 190－2번지에 위치한다.

(2) 쌍호정: 옥수동 295번지에 위치한다. 조만영의 생가와 조대비의 생가가 있는 곳이다.

5. 광진구-3개소

(1) 서거정: 대구 서씨로 성종 때 좌찬성 대사헌을 했다. 묘소는 광진구에 위치한다.

(2) 귀인 장씨: 덕수 장씨로 고종의 4째 부인이며 의천왕 母이다 (고종의 5남).

(3) 어효첨: 함종 어씨로 성종 때 대사헌, 이조판서, 판중추부사를 역임하였으며 음양풍수를 배제하고 도참지리설을 배척하였다.

6. 동대문구-5개소

(1) 선농단: 제기동 274-1번지이고 안암 노터리에서 도보로 5분 거리에 위치한다. 농사가 잘 되기를 기원하는 곳이며 경칩 뒤에 선농제를 올린다.

(2) 영휘원: 청량리동 204-2번지에 위치한다. 고종황제의 계비 엄씨(명성왕후 후비) 묘이다.

(3) 숭인원: 영친왕(이은)의 장남 이진의 묘이다.

(4) 전섭(全聶): 이문동 산15번지에 위치한다. 정선 전씨 시조이고 백제시대 개국공신이다.

(5) 홍릉수목원: 청량리동 207번지이고 임업연구원 내에 위치한다. 명성왕후 민비릉이 있다.

7. 중랑구 - 2개소

(1) 망우리 공원: 망우동 산57번지에 위치한다. 서울 시립묘지(망우산 - 면목동과 구리시 사이)이다. 유명인사 오세창, 한용운 (33인), 지석영, 장덕수, 조봉암 등의 묘가 있다.

(2) 신경진: 망우동 69 - 1번지에 위치한다. 평산 신씨이며 신립 장군의 아들이다. 인조반정 공신이며 우의정, 좌의정, 영의정을 했다.

8. 성북구 - 3개소

(1) 성락원: 성북동 2 - 22번지에 위치한다. 철종 때 심상용(이조판서)의 별장이다.

(2) 숙정문: 성북동 산25 - 22번지에 위치하며 삼성터널 위의 자리이다. 동대문, 서대문, 남대문과 함께하는 북쪽의 사대문이다.

(3) 정릉: 정릉동 산87 - 9번지에 위치한다. 태조 계비 신덕왕후의 능이다.

9. 강북구 - 4개소

(1) 신익희: 수유4동 74 - 3번지에 위치하며 평산 신씨이다. 독립운동가 정치가이며 1956년 대통령 선거에 출마하였으며 심장마비로 사망하였다.

(2) 이준: 수유4동 산127 - 1번지에 위치하며 고종 때 독립협회를

조직하였으며 만국평화회의에 참석했다.

(3) 이시영: 고종 때 독립운동가이며 상해 임시정부 시 초대 부통
령이다.

(4) 현제명: 음악가이고 교육자이다. <고향생각>, <산들바람>,
<희망의 나라로> 등을 작곡하였다.

10. 도봉구-3개소

(1) 조대비: 도봉1동 401번지에 묘지가 있다. 방학동 시루봉 산기
슭에 위치한다. 순조 때 세자빈이며 헌종의 모이다. 수렴청정
을 하였으며 광륜사가 조 대비의 별장이다.

(2) 안맹담: 방학로 308-3(방학동 산63-1)번지이며 연산군 묘
앞에 위치한다. 죽산 안씨이며 서예가이다.

(3) 연산군: 방학동 산77번지에 위치한다. 성종과 폐비 윤씨의 장
남이다. 무오사화와 갑자사화로 쫓겨났다. 쌍분으로 부인은 거
창 신씨이다.

11. 노원구-5개소

(1) 이문건: 하계동 산12-2번지에 있으며 대림 벽산아파트 뒤에
위치한다. 성주 이씨로 중종 때 기묘사화로 유배되었으며 승
정원 주서 승지 등의 직책을 맡았으며 을사사화 때 귀양을 갔
다. 가장 오래된 한글 비석이다.

(2) 이상길: 하계동 산16-1번지에 위치한다. 벽진 이씨로 인조 때

영위사 공조판서 후 좌의정을 하였다.

(3) 이영: 월계동 767－2번지에 위치한다. 명종 때 형, 호, 공조판서, 우의정, 좌의정을 하였으며 청백리이다. 조모, 부 등 3대 묘역이 있다.

(4) 여흥 민씨 묘: 망우리(공동묘지) 고개 오른쪽에 위치한다. 후손 민영기의 13대조로 동양척식회사를 운영하였으며 부총재 이왕직 장관, 원경왕후인 현왕후 등 3품 이상 50여 명이 배출되었다.

(5) 연령군: 공릉동 육군사관학교 내에 있다가 예산군 덕산면으로 이장했다. 숙종의 6남이며 도총관을 지냈다.

12. 은평구－2개소

(1) 이영: 진광동 126－1번지에 위치한다. 전주 이씨로 세종의 6남이다. 단종 복위 운동으로 화의군에 봉해졌다.

(2) 유기비: 인조반정으로 임금에 오르기 전 머물던 별서정원이다.

13. 서대문구－4개소

(1) 노태우: 연희동이며 전 대통령의 사저이다. 전 전 대통령의 집과 2블록 거리이다.

(2) 서대문 형무소: 현저동 101번지에 위치한다. 일제 강점기(경성감옥) 때 애국지사들의 옥고를 치르고 사형된 곳이다.

(3) 수경원: 연세대학교에서 서오릉으로 이장했다.

(4) 전두환: 전 대통령의 사저이다.

14. 마포구 - 4개소

(1) 김대중: 동교동으로 연세대와 함께 설립한 김대중 도서관과 대통령 사저이다.

(2) 공민왕 사당: 창전동 산2번지로 공민왕과 노국공주, 최영 장군, 왕자, 공주, 옹주 등 초상화가 있다.

(3) 외국인 묘지공원: 합정동 145-8번지에 위치한다. 고종 때 천주교 대량 학살이 이루어진 곳으로 517기가 있다. 이곳에는 잠두봉(봉우리)이 있는 것이 특징이다.

(4) 최규하: 서교동으로 골목길 안쪽의 3층 건물이다. 대통령의 사저이며 홍대 앞 명륜동에서 1873년에 이사를 왔다.

15. 양천구 - 2개소

(1) 용왕정: 목2동에 있다.

(2) 열녀문: 신월2동 장수공원 내에 있으며 원주 원씨이다. 영조 때 전의 이씨 부인으로 남편 간호를 하다가 남편 사망 후 단식 1주일 만에 사망하였다.

16. 강서구 - 7개소

(1) 김덕원: 화곡8동 399-10번지에 위치한다. 현종 때 경상감사와 영중추부사를 했다.

(2) 구암공원: 가양2동에 있으며 허준 박물관이 있다. 허준은 선조

때 『동의보감』이라는 의학서를 발간했으며 명의로 알려져 있는 사람이다.

(3) 고분군: 생곡동 산93-1번지에 있다. 6세기경 수백기의 집단 분묘의 유적과 빗살무늬의 토기 등 유물이 있다.

(4) 봉수대: 천동성 산6-1번지이다. 연대봉 459m의 정상이다. 대마도의 정탐과 사방에 연락을 목적으로 하고 있다.

(5) 조석빈: 생곡동 272(생곡 마을 뒤)번지에 있으며 창녕 조씨이다. 대원군과 조석빈의 형제 묘가 있다.

(6) 풍산 심씨 묘역: 방화동 산152-5번지에 있다. 이곳에는 심정(중종-좌우의정), 심사순(중종-직제학), 심사순(선조-감사) 등 60여 기의 묘가 있는 곳이다.

(7) 패총: 강서구 범방동 197번지에 위치하며 녹산동 죽곡에서 범방으로 가는 곳에 있다. 신석기 유물과 집석유구, 토광묘, 인골 화석 등이 출토되었다.

17. 구로구-2개소

(1) 여계: 고척동 산6-3번지이며 함양 여씨이다. 고려 말 아들 여침이 병조판서를 하였다.

(2) 권대임: 궁동 54-2번지에 위치한다. 안동 권씨로 정선옹주(선조의 7녀)와 결혼하였다.

18. 금천구 - 3개소

(1) 안경공: 시흥동 산126 - 1번지에 위치한다. 순흥 안씨 양도공 파의 문중 묘지이다. 안경공은 태종 때 대제학, 안숭선은 문종 때 좌참찬, 안순은 세종 때 판서, 안숭효는 세조 때 관찰사를 하였다.

(2) 한우물: 금천구 시흥동 산93 - 2번지 호암산(315m)에 있다. 항상 물이 줄지 않는다.

(3) 호압사: 금천구 시흥2동 234번지에 있다. 조선 태조 때 무학대사가 창건하였다. 호랑이 꼬리에 절을 지었다.

19. 영등포구 - 3개소

(1) 국회의사당: 여의도동 1번지에 있다. '여의도는 너나 가져라'의 의미가 있다. 여의도는 서울의 나성이다.

(2) 이흠례: 신길1동 458 - 6번지에 있다. 명종 때 풍산군수, 절도사를 하였으며 임꺽정 무리를 소탕하였다.

(3) 연령군 옛 묘지: 대방동 대방초등 내에 있다가 충남 예산군 덕산면으로 이장하였다.

20. 동작구 - 11개소

(1) 김영삼: 상도동에 있으며 3층 건물로 대통령의 사저이다. 주변에는 서민의 주택들이다.

(2) 국립현충원: 동작동 산44-1번지에 위치한다. 국가원수 임시정
부요인 애국지사 국가 유공자 장병 경찰 묘역으로 되어 있다.

(3) 동작릉: 동작동 국립묘지 내에 있다. 중종의 후궁인 창빈 안씨
의 묘지이다.

(4) 박정희: 동작동 국립묘지 내 장군봉 뒤에 위치한다. 고령 박씨
로 일본 육군사관학교, 육군대장, 최고회의의장, 대통령을 하
였다. 지창룡 선생이 점지하였고 손석우 옹이 감정하였다고
전한다.

(5) 사육신: 노량진로 62(노량진1동 185-2)번지에 있다. 세조 단
종복위 시 성삼문, 하위지, 이개, 유성원, 박팽년, 유응부, 김문
기(추가) 등이 사육신이며 대구 달성 하빈면 묘리에 박팽년의
후손들이 육신사를 건립하여 사육신을 기리고 있다.

(6) 이귀정: 흑석동 54-9번지에 있다. 전주 이씨로 정종의 증손
등의 후손들 49명이 문과 급제를 했다.

(7) 이정영: 사당4동 산44-7번지에 위치한다. 전주 이씨로 숙종
때 판윤, 지의금부사, 이조 형조판서를 하였으며 서도에 능하
였다.

(8) 이재: 양녕로 175(상도 4동 산 65-42)번지에 있다. 양녕대군
이며 전주 이씨로 시와 글씨에 능하였다.

(9) 양녕대군 묘: 상도동 산65번지에 위치한다.

(10) 정광성: 사당5동 산32번지에 위치한다. 동래 정씨 묘역으로
선조 광해군 경기관찰사, 형조판서, 지돈녕부사를 했다. 정창
연(좌의정) 정유길(중추부 도사)의 묘도 같이 있다.

(11) 정유길: 사당5동 산32-83번지에 있다. 동래 정씨로 중종 때

도승지, 대사헌, 이·예조판서, 좌의정을 했다.

21. 관악구-5개소

(1) 강감찬: 낙성대동 218-14번지에 있다. 금주 강씨이며 고려 때 명장으로 거란에 대승을 했다. 삼한벽산공신이며 낙성대에 생가가 있다.

(2) 강사상: 신림13동 산107-2번지에 있다(난곡동). 진주 강씨로 명종 때 이, 형, 호, 병조판서, 우의정 영충추부사 후 영의정을 했다.

(3) 강홍립: 신림동(난곡동) 강씨 묘역 내에 있으며 진주 강씨이다. 인조 장군 서장관 도원수를 했으며 정묘호란 때 화의를 주선했던 인물이다.

(4) 이경직: 남현동 산57-48번지에 있다(관천면 상북동 사당리). 관악산 기슭에 위치하며 전주 이씨이다. 인조 때 병마절도사, 수원부사, 호조참판 후 우의정을 했다.

(5) 이변: 봉천7동 산53-1번지에 있다. 충무공 이순신의 5대조이며 좌향은 건좌 손향이다.

22. 서초구-7개소

(1) 구 영릉 석물: 내곡동 산13번지에 있었다. 세종과 소헌왕후 심씨의 능으로 여주 영릉으로 이장되었다.

(2) 나홍좌: 서초3동 1504번지에 위치한다. 서초고등학교 남쪽 삼

성주택 아래에 위치하며 안정 라씨이다. 숙종 때 문인이며 무신으로 내금위장 한성좌윤 병마절사 삼도통제사를 지냈던 인물이다.

(3) 상진: 방배동 1002번지에 있다. 상문고등학교 북쪽부분에 위치한다. 목천 상씨로 명종 때 부제학, 관찰사, 우의정, 영의정을 지냈던 인물이다.

(4) 성석연: 우면동 산65번지 형촌마을에 있다. 창녕 성씨로 태종 때 이호 형조판서, 대제학, 대사헌을 했던 인물이다.

(5) 이존오: 우면동 49번지에 있다. 고려 공민왕 때 성균관 대사성을 지낸 인물이다.

(6) 정도전: 서초동 산23－1번지에 있다. 양재역서 300m 우면산 방향 끝자락에 위치한다. 봉화 정씨로 조선 태조의 개국 공신이며 군사·외교·행정에 밝고 성리학의 저술로 나라의 기초를 세운 인물이다.

(7) 효령대군의 묘: 방배동 191번지에 있다.

23. 강남구－3개소

(1) 광평대군(이여, 李璵): 수서동 산10－1번지에 있다. 전주 이씨로 세종의 5남으로 영의정을 했던 인물이다.

(2) 이후원: 강남구 자곡동에 위치하며 세종의 8세손이다. 효종 때 도승지, 이조판서, 우의정을 하고 남한산성을 고수하였으며 북벌 계획을 주도했던 인물이다.

(3) 한명회 정자: 압구정1동 456번지에 있다. 세조에서 성종 때 선

비들의 시연 장소로 활용되었던 곳이다.

24. 송파구 - 2개소

(1) 거창 신씨 묘역: 오금동 51번지에 있다. 쌍분이며 고려 숙종
    때 참지정사를 지낸 인물이다.
(2) 유씨 묘역: 오금동 51번지로 오금공원 내에 있다. 류희림은 선
    조 때 형조참판, 동지돈령부사를 했으며 류복용은 의금부사,
    류인호는 공조참의를 지낸 인물이다.

25. 강동구 - 3개소

(1) 광주 이씨 묘역: 암사동 산12-4번지에 있다. 이극배는 성종
    때 관찰사, 우의정, 영의정을 지낸 인물이다.
(2) 달래내 고개: 서울 판교 톨게이트 중간지점으로 헌릉(태종)의
    산 능선을 끊은 천천현 고개이다. 세조 때 그 고개를 보수했다.
(3) 신석기 유적: 암사동 155번지로 신석기 시대 집단 취락지이다.
    6000여 년 전 움집이 있고 유물이 출토되었다.

부산광역시

부산광역시는 남해안에 위치한 도시로 16개소의 시군구에 100여
개 미만의 관산지를 갖고 있는 곳이다.

1. 중구-2개소

(1) 민주공원: 중구 영주동 산4번지에 위치한다. 부마민주항쟁 4·
   19민주혁명 6월항쟁 등 민주정신과 인권신장이 있었던 곳이다.
(2) 용도산 공원: 광복동 2가 1-2번지에 위치한다. 4·19 꽃시계
   탑이 있는 곳으로 민족수호 정신이 깃들어 있다.

2. 서구-3개소

(1) 구덕문화공원: 서대신동 3가 산12-15번지에 위치한다. 교육
   역사관, 민족생활관, 민족박물관과 특별전시실이 있다.
(2) 정부청사: 부민동 2가 1번지에 위치한다. 6·25사변 시 임시
   수도와 이승만 대통령의 관저였다.
(3) 한전공사: 토성동 1가 23-1번지이며 국가지정문화제이다. 한
   국전력공사 남선 전기사옥(1932년 신축)으로 최초의 엘리베이
   터 시설이 설치된 곳이다.

3. 동구-2개소

(1) 봉수대: 동구 구봉산 해발 408m 봉화산이다

(2) 정발: 좌천동 473번지에 위치한다. 고종 장군 충렬 임진왜란 첫 접전지로 부산을 사수한 사람이다.

4. 영도구-2개소

(1) 태종대: 동삼동 산29-1번지에 위치한다. 신라 태종무열왕이 삼국통일 후 휴식처(활쏘기, 휴양)이다.

(2) 학맥설: 해운대에서 보면 영도는 학 모양이고 아치섬은 왼쪽 날개로 보인다. 영도구 청학동 일대와 남향동은 오른쪽 날개이고 봉래산은 새의 둥지이다.

5. 부산진구-5개소

(1) 범천의원: 범천동 119-45번지이다. 안철수 성장지이다.

(2) 봉수대: 전포동 산50-1번지이고 고려시대 통신시설이다. 봉수대는 30리 거리를 두고 봉화대(평시1, 적2, 접근3, 싸움4)로 신호를 보내었던 곳이다.

(3) 정문도: 양정동 464-1번지로 동래 정씨 시조묘이다. 8대 명당이다.

(4) 어모: 당감 4동 710번지에 위치한다. 영숙사는 어모 장군의 신당이다. 왜구를 격퇴하여 마을주민이 신령 대접을 하여 제사를

모신 사당이다.

(5) 의총: 천동 산13-1번지이다. 선조 때 임진왜란으로 송상현과 군, 관, 민의 전사자 무덤이 있다.

6. 동래구-5개소

(1) 구인회: 원동IC와 구서IC, 금강예식장, 달북초등, 온천중학을 지나 약수탕 뒤에 있다. 능성 구씨로 LG창업 회장이며 부모 (구재희) 묘와 본인 묘지가 있다. 생가는 경남 진주시 지수면 승내리 마을에 있다. 구씨와 허씨들의 집성촌이다.

(2) 박차정: 칠산동 319-1번지이며 동래고등학교 앞에 있다. 고종 때 독립운동가로 건국훈장을 받았다.

(3) 송상현: 안락동 838번지에 위치한다. 여산 송씨이며 선조 때 군자감, 동래부사를 했으며 임란 때 순절했다.

(4) 정문도: 양정1동 469번지이며 어린이 대공원 넘어 화지산의 화지청소년문화회관이 있는 곳으로 동래 정씨 시조 묘지이다. 8대 명당으로 알려져 있다. 정승 17명, 대제학 2명, 급제 198명이 난 곳으로 유배자는 없다고 한다.

(5) 정언섭: 온천동 산17-7번지에 있으며 금강공원 내에 위치한다. 선조 때 임진왜란을 겪었으며 영조 때 동래부사를 역임했다.

7. 남구 - 2개소

(1) 신선대: 용담동 산170번지에 위치한다.

(2) 유엔기념공원(UN): 대연4동 779번지이며 공원 내에 있다. 6·25 참전국가와 유엔 묘지(1951)로 11,000여 명(16개국) 묘지가 있다.

8. 북구 - 2개소

(1) 대밭 골 묏자리: 화명동 산70번지에 있다(대밭 골). 윤씨 문중으로 3형제가 장군, 부자 출신이라 한다.

(2) 율리 패총: 금곡동 윤리 마을 안에 있다. 신석기시대 암굴주거지인 무덤과 화덕을 사용하였다.

9. 해운대구 - 2개소

(1) 강근호: 좌리 산1번지(장산 모정원 내)에 있다. 고종 때 애국지사와 항일 독립운동, 3·1독립운동을 하였으며 고려혁명군 교관 중령을 하였다.

(2) 최치원: 동백섬 산정에 있다. 경주 최씨 시조이다. 신라 진성왕 때 당나라에 유학을 하였다.

10. 금정구 - 2개소

(1) 고분군: 노포동에서 포동 전철역 동쪽 800m에 위치한다. 삼한시대(3~4세기) 무문토기시대 유물, 토광묘와 옹광묘가 출토되었다.

(2) 범어사: 청룡동 546번지에 있다. 조계종 14교구 본사이며 불화 불기유물 영정이 있고 성보 박물관이 개원되었다.

11. 강서구 - 4개소

(1) 고분군: 집단분묘 유적의 남쪽에 위치한다. 삼국시대 6세기에 수백 기의 빗살무늬 토기 등 유물이 출토되었다.

(2) 봉수대: 천동성 산6-1번지이다(생곡동 산 93-1번지 가달 마을 뒷산 학배동). 고려 의종 때 가덕도 연대봉 459m 정상에 세워 대마도 정탐과 사방에 연락하는 임무이다.

(3) 조석빈: 생곡동 272번지(생곡 마을 뒤)에 있으며 창녕 조씨이다. 대원군과 형제 묘가 있다.

(4) 패총: 범방동 197번지에 있다.

12. 연제구 - 2개소

(1) 고분군: 연산동 산10-4번지에 있다. 가야 시대의 무덤이다. 10여 기의 유물이 나왔다.

(2) 팔상도: 연산 1동 1113-1번지이다. 조선 8폭의 그림으로 18세기 작품이다.

13. 수영구-2개소

(1) 좌수영 성지: 수영 교차로에서 해운아파트를 지나 수영사적 공원에 있다. 예종과 효종 때 경상좌수영으로 전략 요충지이다.
(2) 안용복: 수영사적 공원 남쪽에 위치한다.

14. 사상구-3개소

(1) 김의련: 덕포동 동북쪽 산기슭에 위치한다.
(2) 김준옥: 모라동 운수천 계곡의 서당골 안에 있다. 태종 때 통정대부, 군수를 하였다.
(3) 강선대: 덕포동 사상초등학교 뒤 상에는 할배, 하에는 할매 바위가 있다. 정조 1700년경 지방 주민의 안녕과 강녕을 위해 제향을 하였다.

15. 기장군-5개소

(1) 김득복: 기장읍 대변리 산5번지에 있다. 선조 때 임란 공신의 묘이다. 의병장 김산수, 김득복 부자가 있다.
(2) 박태준 선고비 묘: 기장읍 임량리 포철회장이다.
(3) 차건신: 기장읍 동부리 216번지에 있다.
(4) 해동용궁사: 기장읍 시량리 416-3번지이다.
(5) 안철수 조부 묘: 정관면 용수리 산115-4번지로 대정공원묘원에 있다. 묘지 번호는 35-563이다.

대구광역시

대구광역시는 8개 구 군에 100여 개 미만의 관산지를 소유하고 있는 곳이다.

1. 중구-3개소

(1) 고주택: 중구 동산동 194번지에 있다. 미국 선교사 주택으로 1910년경에 건립되었다.

(2) 대구향교: 중구 남산동 736-4번지에 위치한다. 조선 태조 1398년에 건립되었다.

(3) 박근혜 대통령 생가: 삼덕동 1가 5-2번지이다.

2. 동구─8개소

(1) 노태우 생가: 신용리 용진마을에 있으며 고등학교까지 거주하였다.
　　전 대통령의 인근에 부모 묘지가 있고 조부모 묘는 뒷산에 있다.

(2) 도림사: 동구 진안동 산269번지에 있으며 규모가 비교적 크다.

(3) 불로동 고분: 동구 불로동 335번지에 위치한다. 148필지로 삼국시대의 집단 묘지로 212기가 있다.

(4) 신숭겸 유적: 동구 지묘동 526번지에 있다. 고려 후백제 전투에서 순절한 곳이다. 대장군으로 왕건을 살리고 전사한 장군으로 유명하다. 춘천에 신숭겸의 묘지가 있다. 8대 명당으로 소문이 나 있다.

(5) 서제: 동구 지묘동에서 공산 굴 지나기 직전 좌측에 있다. 달성 서씨 7대조 묘지이다.

(6) 조정헌: 동구 신문동 서촌초등 동쪽 고시촌 강 건너에 있다. 창녕 조씨로 대구 교육위원 손자의 발복 자리이다.

(7) 파계사: 동구 중대동 7번지에 위치하며 혈증이 있는 곳으로 하단부에는 건물이 설치되지 않고 있다.

(8) 하동 정씨 묘역: 동구 백안동 산1번지에 위치한다.

3. 서구-2개소

(1) 문화회관: 서구 문화 행사 전시장으로 사용하고 있다.
(2) 비산동: 비봉 초등학교 언덕이다. 해주 오씨, 인동 장씨, 경주
    최씨 집성촌이며 평야지대로 산이 날아가는 형상이다.

4. 남구-4개소

(1) 대덕산성: 대명동 산 244~3000m에 설치되어 있다. 후삼국~
    고려시대 때 유물과 기왓장 등이 나왔다.
(2) 봉덕토성: 남구 봉덕동 산40번지에 있다.

(3) 수호신: 남구 봉산동 제일여중 운동장에 거북 바위가 있다.

(4) 완굴: 남구 대명동 산244번지에 있다.

5. 북구 − 3개소

(1) 구암서원: 북구 산격동 산79−1번지에 있다. 달성 서씨이며 숭현사의 재실이 있으며 서침 선생이 봉안되어 있다.

(2) 이우당: 북구 연경동 730번지에 있다. 하빈 이씨로 이경 선생 (두문동 72현)의 후손이 1910년경에 건립하였다.

(3) 화수정: 북구 동변동 234번지에 있다. 능성 구씨이다.

6. 수성구 — 6개소

(1) 두사충: 수성구 만촌 2동 715번지이며 형제봉 아래 남부터미
    널 뒷산에 있다. 모명제란 재실이 있다. 선조 때 명나라 이여
    송 장군의 지리풍수로 나학천과 함께 귀화하였다. 좌향은 계
    좌정향이며 회룡고조혈이라고도 한다.

(2) 문희갑: 수성구 범물동의 진밭골 마을 뒷산 언덕 앞에 있다.
    전 대구시장의 증조모 묘지이다.

(3) 박중시: 수성구 시지동 시지중학교 뒷길 따라 걸어서 가면 못
    좌측에 위치한다. 밀양 박씨 입향조로 중시조 묘지이다.

(4) 보광사: 수성구 범물동 동네 중앙에 위치한다. 입수맥이 좋고
    백호국세로 부가 보이는 길한 자리이다. 양기풍수의 본산이다.

(5) 야수정: 수성구 상동 140-4번지에 있다. 고종 진씨로 문중 재
    실의 절충식 건물이다.

(6) 하시찬: 수성구 만촌동 188-1번지이며 경덕사 내에 위치한다.
    유학자이며 효종 때 향리로 은거하여 후진을 양성하였다.

7. 달서구 — 4개소

(1) 낙선재: 달서구 파산동 259번지에 있다. 달성 서씨로 철종 때
    서사원의 효심을 기린 곳으로 묘소를 관리하는 곳이다. 팔각
    지붕의 건물로 남향이다.

(2) 사효당: 달서구 상인동 1212번지이다. 말양 손씨로 추모제사
    이다. 효를 기리는 재실이다.

(3) 이락당: 달서구 파산당 46-1번지에 있다. 금호강과 낙동강이 만나는 합류지점으로 강창서당이 있다. 정조 때 대구 인근 9문 중 선현들이 도덕심 함양을 목적으로 교육을 하고 있는 곳이다.

(4) 진천입석: 달서구 진천동 470-33번지이다. 청동기 시대 선사 유적 공원이며 석관묘로 되어 있다.

8. 달성군-14개소

(1) 곽재우: 달성군 구지면 대암리 산22번지이다. 현풍 곽씨로 광해군 때 수군통제사, 부총관, 좌윤, 함경도감사를 하였다.

(2) 김굉필: 달성군 구지면 내 443번지 도동서원 뒷산에 선조 묘지가 있다. 서흥 김씨로 성종 때 사헌부 감찰, 형조좌랑, 후 우의정을 하였고 무오사화 때 유배되어 갑자사화 때 처형되었던 인물이다.

(3) 김성곤: 달성군 현풍면 부리 논공단지 외측 고속도로 현풍 휴게소 뒤에 위치한다. 기업가로 전국경제인연합회 회장을 했다.

(4) 김영대: 달성군 가창면 금곡동의 안골 마을이며 오른쪽 못 가서 수점교 좌회전을 하면 동네 뒤이다. 대성그룹 회장과 대성가스를 설립하였다.

(5) 김충선: 달성군 가창면 우록1리 마을 재실 뒷산이다. 우록(김해) 김씨로 사성을 받은 성씨이다. 선조 임란 때 가등청정 좌선봉장, 광해군 때 병조판서를 하고 조총의 제작 기술을 전수했다.

(6) 김현경: 달성군 가창면 우록리 지나서 팔조령 구길 정상 휴게소 옆 언덕에 있다. 위도마스내과 원장이다.

(7) 남평문씨: 달성군 화원읍 본리리 인흥마을이다. 문희갑 대구시장이 후손이다. 문익점의 18세손이다.

(8) 박명수: 달성군 구지면 배암에서 이방 가기 전 좌측 도로변 앞에 있다. 밀양 박씨로 박상하(미포산업 대표 대한체육회 부회

장, 박상희 국회의원) 등의 후손이 있다.

(9) 이문규: 달성군 가창면 가창중학교 운동장 위쪽에 있다. 하빈 이씨로 이방건설 이순목 회장 부모 선산이 있다.

(10) 이근옥: 달성군 하빈면 동곡리(묘리)에 위치하며 전의 이씨이다. 이종구 국방장관 고조모 증조부 조부모 묘가 있다.

(11) 전의 이씨: 달성군 다사읍 문양 부곡리 산11번지에 있다. 입향조 부영공파 묘지와 문중 납골 묘(600기)가 있다.

(12) 정씨 중시조: 달성군 매곡1리 다사쪽 안골 산기슭에 위치한다. 고려 정공과 문하시랑을 하였다.

(13) 하목정: 달성군 하빈면 하산리 43번지에 있다. 인조가 머문 곳이며 이종문 현감이 세웠다. 낙동강 물가에 새우와 집오리 들을 연상하여 하목정이라고 한 정자이름이다.

(14) 화원동산: 달성군 화원읍 골안 마을이다.

인천광역시

인천광역시는 광역시도에서 재정과 인구는 많은 도시이나 풍수적 개소는 미미하다. 10개 시군구에 100개 미만의 관산지를 소유하고 있다.

1. 중구 – 3개소

(1) 박두성: 중구 율돌목 25번지에 위치하며 무안 박씨이다. 맹인 교육으로 영화학교 교장 선생을 하였으며 맹인용 점자를 1926년 처음 개발했다.

(2) 조병수: 중구 남북동 868번지에 있다. 중류주택의 고택으로 지정 문화재이다.

(3) 큰 우물: 인현동 90 – 13번지에 위치한다. 인천 개항 때 우물로 식수를 공급하였던 것이다.

2. 동구 – 3개소

(1) 영화육영: 동구 인천세무소 옆에 있다. 1892년 벽돌집으로 학당을 설립하였으며 이곳에서 영어, 산수, 성경, 바느질 등을 교육하였다.

(2) 화도고개: 동구 화수1동 281번지 일대이다. 인천 이씨의 선산
이 있다. 공신들의 묘지와 서낭당이 있다.

(3) 화도진지: 동구 화수동 하도리에 있다. 야전사령부 포대가 있
었던 곳이다.

3. 남구 – 2개소

(1) 이윤생: 남구 용현동 44번지에 있다. 부평 이씨로 병자호란 시
의병장으로 청을 격퇴하였다.

(2) 인천도호부: 남구 문학동 343 – 2번지에 있다.

4. 연수구 – 2개소

(1) 근린공원: 연수구 연수동 580번지에 있다. 풍수적으로 명당자
리라고 하는 곳이다.

(2) 이허겸: 연수구 연수동 286 – 10번지에 있다. 인천 이씨의 중시
조이다. 고려시대 이자연이 조부이다.

5. 남동구 – 5개소

(1) 김재로: 남동구 운영동 산64 – 13번지로 만의골이 입구이다. 청
풍 김씨로 영조 때 부재학, 대사간, 주청사, 좌우의정, 영의정
을 하였다.

(2) 조정만: 남동구 도림동 산46 – 3번지이다. 임천 조씨로 영조 때

호조참판 지돈령부사, 공·형조판서, 지중추부사를 했다.

(3) 이승훈: 남동구 만수동 남동 정수장 북쪽 뒤 초곡산에서 광주 천주교 성지로 이장하였다. 평창 이씨로 정조 때 서장관에서 천주교 교육을 받고 천주교 창설 후 참수되었다.

(4) 이여발: 남동구 운영동 산343-1번지이며 한산 이씨이다. 숙종 때 병·공·조참판, 병마절도사, 어영대장, 지중추부사를 하였다.

(5) 하연: 남동구 소래면 대지2리 소래산 기슭에 위치한다. 진주 하씨로 단종 때 대제학, 영의정을 하였다.

6. 부평구-2개소

(1) 박물관 공원: 부평구 삼산동 145-41번지에 위치한다. 민속마당과 놀이시설이 있다.

(2) 선구지: 부평구 심정동 558-7번지에 위치한다. 1908년 최초의 천일제염 시험지로 중국의 제염기술을 도입하였다.

7. 계양구-2개소

(1) 이이: 계양구 작전2동 산2번지에 위치하며 영신공원 내에 있다. 전주 이씨로 태종의 2남인 효령대군의 손자 영신군 묘 외 10여 기가 있다.

(2) 어사대: 계양구 계산동 162번지에 있으며 활쏘기 하는 곳이다. 정조 현릉원(사도세자) 참배 시 중간에 휴식을 취했던 곳이다.

8. 서구 - 5개소

(1) 류사눌: 서구 경서동 산200-1번지 내에 있다. 서부산업단지 입구이다. 문화 류씨로 태종 때 지신사, 한성부윤, 대제학, 동지중추부사를 했다.

(2) 심즙: 서구 공촌동 산8번지에 있다. 청송 심씨로 인조 때의 문신이며 형·공·예조 판서, 이괄 난 때 왕의 보필로 공신이 되었던 인물이다.

(3) 숙의 문씨: 서구 심곡동 산36번지로 한국은행 연수원 입구이다. 문종의 후궁이다.

(4) 조서강: 서구 석남동 산119-2번지이다. 경인에너지 진입로의 입구이며 백주 조씨이다. 세종 때 관찰사, 형조참의, 도승지, 이조참판을 했다.

(5) 한백륜: 서구 마전동 산120-4번지이며 능안 마을이다. 청주 한씨로 성종 때 우의정을 했다.

9. 강화군 - 13개소

(1) 가릉: 강화군 양도면 능내리 산16-2번지에 위치한다. 고려 원종 비 순경 태후 능이다.

(2) 고종능: 강화읍 국화리 산180번지 야영장 뒤에 위치한다.

(3) 김취려: 강화군 양도면 외포리 온수리 가는 길의 진강산 고갯길 우측 안내판(양도면 하일리)에 설명되어 있다. 언양 김씨로 고려 고종 때의 장군이며 문하시중을 했다.

(4) 이건창: 강화군 양도면 건평리 655-1번지이다. 전주 이씨로 철종 때 사장관 암행어사, 예문관 재학을 하였다. 과거 최연소 합격자이다.

(5) 이규보: 강화군 길상면 길직리 산 115번지로 경도 명당이다. 여주 이씨로 고려 고종 때 시인 문장가이며 문하시랑 평장사를 했다. 경도 명당은 산과 물이 한 방향으로 비주[14]하는 것을 말한다.

(6) 연산군: 강화도 양사면 창후리에서 뱃길로 이동하며 교동도에서 후두포까지 20분 소요된다. 교동면 읍내리 뒷산이다.

(7) 용흥궁: 강화읍 관청리 441번지이며 철종의 세거지이다.

(8) 정재두: 강화군 양도면 하일리 산65번지의 진강산 일원이다. 연일 정씨로 숙종 때 장령, 이조참판, 우참찬을 하였다.

(9) 철종의 양택: 강화읍 관청리 441번지로 즉위 전의 집이다.

(10) 홍릉: 강화군 강화읍 국화리 산129-2번지이다. 고려 23대 고종의 능이다.

(11) 황령 장군 집: 강화읍 월곳리 242번지이다.

(12) 황형: 강화군 강화읍 월곳리 665-1번지이다. 창원 황씨로 중종 때 절도사, 도총관, 공조참판, 지중추부사를 했다.

(13) 허유전: 강화군 불온면 두운리 297번지이다. 김해 허씨로 고려 고종 때 안핵사, 밀직사, 지공거사, 수첨의찬성사를 했다.

---

14) 비주는 청룡이나 백호가 달아나는 것을 말한다. 배주는 자체의 몸이 달아나는 것을 의미하고, 비주는 용호의 안쪽에 요도를 달아 도망을 가도록 하는 것을 말한다. 요도는 용맥이 방향을 틀어주는 역할을 하는 사를 말한다.

10. 옹진군－2개소

(1) 익령군: 옹진군 영흥면 내 4리 산392번지이다. 왕씨 묘비로 고
    려가 망하기 전 피신하였으며 왕가마을이다.
(2) 충민사: 옹진군 연평면 연평도에 있다. 임경업 장군이 병자호
    란으로 청을 공격하기 위해 가던 중 들른 연평도 기착지이다.

광주광역시

광주광역시는 5개 구에 50개 미만의 관산지를 가지고 있는 도시이다.

1. 동구-2개소

(1) 오지호: 동구 지산동 257번지이다. 화가이며 조선대학교 교수이다.

(2) 증심사: 동구 운림동 56번지에 위치한다. 무등산 왼쪽에 있다.

2. 서구-3개소

(1) 김세근: 서구 서창동 불암 마을이다. 김해 김씨로 선조 때 임란 의병장이다.

(2) 고광선: 서구 용흥동 산79번지에 위치한다. 장흥 고씨로 한말 을사보호 조약을 체결했다.

(3) 화담사: 서구 화정동 781-23번지이며 전통예절학교에 있다. 하동 정씨로 영조 때 정희(묵은공), 아들 정초(문경공), 손자 정수충(문절공), 정오도(약포공), 민제장(여흥 충장공)을 모신 사당이다.

3. 남구 — 3개소

(1) 고경명: 남구 압촌동 101-1번지에 있다. 선조 임란 때 의병장 집터이며 후손이 1917년에 건립했다. 건립자는 고종석이다. 건물의 형태는 팔작지붕이며 고경명의 자 종후 인후의 묘가 있다.

(2) 이선제: 남구 원산동 만산마을 535-1번지이며 마을의 뒷산에 묘가 있다. 광주 이씨로 문종 때 예문관 대제학을 지냈다.

(3) 최치원: 남구 양과동 715-1번지에 있다. 경주 최씨이며 신라의 대학자이다.

4. 북구 — 4개소

(1) 김문손: 북구 금곡동에 있으며 좌향은 신좌을향이며 광산 김씨이다. 김덕령 장군의 고조부, 증조부, 조부 부의 묘가 있다.

(2) 십신사지: 북구 용봉동 1004-4번지이다.

(3) 전상의: 북구 화암동 239번지에 위치한다. 천안 전씨로 광해군 때 구성도호부사, 좌영장을 했다.

(4) 정지: 북구 망월동 산176번지에 있다. 경렬사에 8현을 모시고 있다. 하동 정씨로 고려 공양왕 때 장군 병마사, 임란 때 큰 공을 세워 예장(국장 다음가는 장사)을 치렀던 사람이다.

5. 광산구 — 3개소

(1) 박용철: 광산구 소촌동 363 − 1번지에 있다. 충주 박씨로 문학가이며 일제시대 문예월간 시문학을 김영랑 정지용과 함께 창간하였다.

(2) 범세동: 광산구 덕림동 산94 − 1번지에 있다. 금성 범씨로 고려 공민왕 때 부윤, 간의대부 후 두문동에 은거하였다.

(3) 양응정: 광산구 동호동 산32 − 2번지에 있다. 중종 때 수찬 사헌부, 공·예·병조 참의, 좌우승지, 사간원 대사간, 목사 등을 했다.

대전광역시

대전광역시는 5개 시군구에 걸쳐 50개 미만의 관산지를 가지고 있는 도시이다.

1. 동구-9개소

(1) 김정: 동구 신하동 268-5번지에 있다. 경주 김씨로 중종 때 형조판서를 역임했다.

(2) 김태원 생가: 동구 홍도동 133-10번지에 있으며 경주 김씨이다. 고종 때 독립운동을 하였다.

(3) 관동모려: 동구 마산동 96번지에 있다. 송시열 9대 조모는 무학대사가 점지하였다. 음덕으로 송씨 문중을 수백 년 동안이나 정승반열에 들어섰다고 한다.

(4) 박팽년: 동구 가양 2동 161-1번지에 있다. 순천 박씨로 태종 때 단종 복위 실패로 사육신(성삼문, 이개, 하위지, 유성원, 유응부)이 되다. 대구 달성 하빈 묘리에 육신사가 있다. 형조참판 후 이조판서를 했다.

(5) 박원상: 동구 대별동 산18-1번지에 있으며 순천 박씨이다. 박팽년의 증조이다.

(6) 송기수: 동구 주산동 220번지에 있다. 은진 송씨로 선조와 중

종 때 을사사화를 맞았다.

(7) 송갑조: 동구 판암 2동 529－1번지 산소골에 있으며 은진 송씨이다. 조선 문신 송시열 부이다.

(8) 송시열 생가: 동구 소제동 305－78번지에 있다. 은진 송씨로 효종 대 도학자(태극음양)이며 이조판서, 우·좌의정을 하고 예송문제(효)가 되었다.

(9) 황수 묘: 마산동 산20－1번지이다.

2. 서구－5개소

(1) 김세근: 서구 괴곡동 산12번지로 김해 김씨이다. 선조 때 주부 한림 후 호조참의를 하였다.

(2) 박태상: 서구 흑석사거리 가기 전 고갯마루 오른쪽 도로변에 신도비가 있으며 반남 박씨이다. 숙종 때 암행어사, 이조판서를 했다.

(3) 송준길: 서구 원정도 산60－2번지이며 은진 송씨이다. 현종 때 사언부의 대사헌, 이·병조판서를 했고 문장에 능했다. 공주서 이장했다.

(4) 신유천: 서구 갈마동 갈마 공원 내 있다. 거창 신씨로 부, 모 계모의 시묘살이로 효성이 지극했다.

(5) 유혁연: 서구 평촌동 산18번지이며 기성사거리 벌곡 쪽의 길 헌초등 근방이다. 진주 유씨, 숙종 때 훈련대장 후 영의정을 했다.

3. 중구-3개소

(1) 권찬성: 중구 무수동 94번지에 있으며 숙종 때 호조판서, 관찰사를 했다.

(2) 박영: 중구 조마동 10번지이며 충주 박씨의 시조이다.

(3) 신채호 생가: 중구 어남동 233번지에 있으며 도리미 마을이다. 고종 때 성균관 박사를 했고 민족계몽운동, 언론활동 신민회 사건으로 여순 감옥에서 옥사를 했다.

4. 유성구-6개소

(1) 김반: 전민동 18-52번지이다. 광산 김씨로 인조 때 대사간, 독전어사, 대사헌, 이조참판을 했다. 김익겸의 묘도 있다.

(2) 김집 묘: 전민동 18-1번지이다.

(3) 김익희: 유성구 가정동 산8-9번지에 있으며 광산 김씨이다. 효종 때 대제학 대사헌, 이조판서 후 우의정을 했다. 좌향은 자좌오향이며 정승이 15명, 제학 6명, 왕비 3명, 판서 36명이 배출되었다. 사계 김장생의 손자이다.

(4) 김익겸: 유성구 전민동 산18-19번지이며 광산 김씨로 인조 때 대사헌 후 영의정을 했으며 좌향은 임좌병향이다.

(5) 숭현서원: 유성구 원촌동 산35-1번지에 있으며 명종 때 김정, 정광필, 송인수 등이 추모되었다.

(6) 이무 묘: 갑동 산1번지이다. 연안 이씨 시조이다.

5. 대덕구 - 3개소

(1) 동춘당: 대덕구 송촌동 192번지이며 송준길은 은진 송씨이다.
    조선 인조 때 병조판서, 이조판서, 대사헌을 했다.
(2) 송규렴: 대덕구 읍내동 74번지에 있으며 은진 송씨이다. 숙종
    때 승지, 대사간을 했다.
(3) 송용억: 대덕구 송촌동 198-4번지이며 동춘당(송준길)의 뒷산
    이다. 17세기 인조 때 송준길의 둘째 손자 송병하가 분가하여
    건축하였다.

울산광역시

    울산광역시는 동해안에 위치한 도시로 5개 구 군에 산재되어 있으며 관산지는 50개 미만이다.

1. 중구-2개소

  (1) 박상진: 중구 송정동 355번지에 있으며 학성공원 내에 있다. 밀양 박씨로 고종 때 평양 법원판사를 했으며 대한광복회를 조직했다.

  (2) 충의사: 중구 학성동 제2학성공원 내에 있다. 선조 때 임진왜란 시 왜군을 격파하여 의사의 위패를 봉안한 곳이다.

2. 남구-2개소

  (1) 이천기: 남구 신정1동 1412번지이며 학성 이씨 11대조이다. 경종 때 300여 년간 시신이 썩지 않았으며 유물 300여 점이 출토되었다.

  (2) 이휴정: 남구 신정1동 1412-10번지이며 현종 때 울산도호부 객사 학성관을 했다.

3. 동구 - 3개소

(1) 봉수대: 동구 주전동 산193번지에 있다. 통신수단으로 조선 태조 때 평시는 1회, 전쟁 시는 5회로 약정한 것이다.

(2) 서진문: 동구 화정동 846-12번지에 있으며 달성 서씨이다. 고종 때 독립투사이다.

(3) 서인, 서충: 동구 남목동 뒷산 중턱에 있으며 달성 서씨이다. 고종 때 독립투사이며 선조 때 장군으로 임진왜란 시 일등공신이다.

4. 북구 - 1개소

(1) 고분군: 북구 중산동에 있다. 삼한시대 때 널, 돌, 구덩이식 돌방, 돌무덤 등이 출토되었다.

5. 울주군 - 8개소

(1) 김취려: 울주군 언양읍 송대리 산15번지로 능골마을에 있다. 언양 김씨로 고려 고종 때 동궁위 대장군, 판병부사 시중을 했다.

(2) 방지: 울주군 두동면 봉계리에 있다. 온양 방씨로 시조묘이다. 신라 문무왕 문화사절, 고려 태조 때 대장군 좌승지를 했다.

(3) 박영택: 울주군 언양읍 다계리 좌측산이다. 부모 묘는 위쪽에 있다. 밀양 박씨로 부산 신라대학교 설립자로 신라대학 이사장이다.

(4) 신구암: 울주군 언양읍 신기리에 있으며 영산 신씨로 롯데 회장의 증조부모의 묘이다. 조부모는 언양읍 신기리 구도로 문수사 입구이며 부모는 강 건너 산중턱에 있다.

(5) 정송암: 울주군 상하면 정자동 연암리 내곡이며 울산을 거쳐 강동간 고개 못 가서 있다. 정일영(국회2선) 정해영 모 묘지 아래에 본인 묘지가 있다. 쌍분으로 정해영(국회7선)조부와 정재문(국회2선)증조부 묘가 있다.

(6) 최진립: 울주군 언양읍 반연리 346번지에 있으며 월성 최씨(경주최씨)로 최부자 최준의 7대 할아버지이다. 현종 때 병조판서를 했다. 아들 동량의 묘가 있다.

(7) 최언경: 울주군 언양읍 두동면 구미리 주원촌 마을이다.

(8) 최예: 울주군 두동면 활천리 마을에 있으며 월성 최씨로 사성공파이다.

세종특별자치시

세종특별자치시는 행정수도로 15개소를 가지고 있는 신도시이다.

(1) 김경여: 세종특별자치시 연동면 용암리 289번지에 있으며 가미골이다. 경주 김씨로 효종 때 지평 정랑 직강 대사간 관찰사 부제학, 후 좌찬성을 했다.

(2) 김종서 묘: 장기면 대교리 산45번지이다. 조부는 백호 쪽에 있고 김태영의 묘도 있다.

(3) 박안생 묘: 전동면 송곡 2리 285-51번지이다. 박팽년의 조부이다.

(4) 신할 묘: 신풍면 영정리 산28-1번지이다. 신립 장군의 동생이다.

(5) 이경억: 세종특별자치시 금남면 영대리 영대초등학교 우측 산에 있다. 경주 이씨로 광해군 때 대사헌, 이·호·형·예판서, 한성판윤, 우의정, 좌의정을 했다.

(6) 이덕사, 이태연 묘: 장기면 평기리 산42-13번지로 부자지간이다.

(7) 이도: 세종특별자치시 전의면 유천리 599번지로 철도 건너에 있다. 전의 이씨로 중시조이다. 고려 태사이다.

(8) 이상: 세종특별자치시 전의면 관전리에 있다. 경주 이씨로 숙종 때 문신 대사헌을 하고 옥사를 치렀다.

(9) 이유태: 세종특별자치시 연기면 종촌리에 있다. 경주 이씨로 효종 때 부승지, 이조참판, 시강원 사헌을 하고 제자를 배출했다.

(10) 조계원: 전동면 송정리에 있으며 양주 조씨로 헌종 때 수찬, 예조참의, 강화유수, 형조판서, 도승지를 했다. 유혈이다.

(11) 최한정 묘: 금남면 도암리 197－2번지이다.

(12) 한충: 세종특별자치시 연서면 고복리에 있다. 청주 한씨로 중종 때 정랑 응교 시장관 동부승지 좌승지 후 이조판서를 했다.

(13) 홍보: 세종특별자치시 연동면 명학리에 있다. 풍산 홍씨로 인조 때 좌랑 목사, 좌찬성 후 영의정을 했다.

(14) 행정도시: 세종특별자치시 연기면 소재이다. 비보풍수로 연못과 나무 등으로 비보를 많이 했다.

(15) 합호서원: 연동면 합강리 104번지이다.

특별자치도 및 도별 관산지

경기도

경기도는 31개 시·군에 369개소의 명당 길지를 간직하고 있는 곳이다. 특히 고양시와 용인시가 많은 관산지를 보유하고 있다. 경기도는 평택시가 일등대혈지로 주목된다.[15]

1. 수원시-11개소

(1) 김인환 박사 묘: 서둔동 250번지이다.

(2) 김언침: 영통구 이의동 산34-1번지에 있다. 안동 김씨로 중종 때 참의공 파(수원의 대표적 성씨)로 참의 관찰사를 했다.

(3) 구인회: 이목동의 LG그룹 창업주이며 그룹 회장이다. 조부모, 부모 묘소는 하남 장용득 선생이 감정했다.

(4) 수원향교: 권선구 교동 43번지이다.

(5) 심온: 영통구(팔달구) 이의동 13-10번지에 있다. 명나라 사신이 오는 중에 체포되자 자결했다. 왕비 3명, 부마 4명, 정승 13명이 나왔다.

---

15) 장익호, 『유산록』 참고.

(6) 우장춘 박사 묘: 서둔동 250번지이다.

(7) 이고: 장안구 하광교동 산51−1번지에 있다. 여주 이씨로 고려 한림원 학사, 조선 태조 때 안렴사를 하고 수원에 은거하여 학문에 전념했다. 이심, 이심의 장남 이박견의 묘가 있다.

(8) 이병구 고택: 장안구 파장동 383번지이다.

(9) 이병철 회장 조부 묘: 장안구 이목동 삼성 박물관 안에 있다.

(10) 정유: 영통구 하동 480−1번지에 있다. 온양 정씨로 명종 때 대사간, 동지사, 대사헌, 한성부윤, 관찰사를 했다.

(11) 화성행궁: 장안구 신풍동 248−1번지이다. 화성 팔달산 산성이다. 왕이 지방순시 때 임시거처로 활용했다.

2. 성남시 - 25개소

(1) 권징: 성남시 수정구 금토동 산63번지이다. 안동 권씨로 명종 때 관찰사 병조참판, 공·병조판서 후 영의정을 했다.

(2) 권우: 성남시 수정구 금토동 산57-4번지이다. 세종 때 통훈대부 목사를 했다.

(3) 남경문: 성남시 태평동 산3-8번지이다. 의령 남씨로 태조 때 남재(의령 부원군)의 자이다. 병조의랑 후 영의정을 했다. 후손이 정승 6명, 대재학 7명, 판서 24명이 났다.

(4) 남공철: 성남시 수정구 금토동 산64-2번지에 있다. 의령 남씨로 현종 때 동지정사, 우의정, 영의정을 하고 시문 등 글씨에 능했다.

(5) 유계문: 성남시 북정동 산20번지에 있다. 문화 유씨로 세종 때 한성부윤 시변사 이조참의, 형조판서를 했다.

(6) 윤극신: 성남시 수정구 금토동 산44번지에 있다. 남원 윤씨로 명종 때 춘추관, 이조좌랑, 홍문관 교리 후 좌찬성을 했다. ※ 윤엽은 선조 때 서천군수를 하고 윤돈은 부제학을 했고 윤치장은 고종 때 독립운동가와 의병대장을 했다.

(7) 원경하: 성남시 수정구 사송동 산16-1번지 설계골에 있다. 원주 원씨로 영조 때 부제학, 병·이·예조판서 후 영의정을 했다.

(8) 안명세: 성남시 수정구 심곡동 산67번지이며 골이 깊은 데 있다. 순흥 안씨로 중종 사관 승정원주서 을사사화 시정기로 사형됐다.

(9) 양연: 성남시 삼대원동 산31-3번지에 있다. 남원 양씨로 중종 때 직제학 대사헌 좌찬성, 이조판서를 했다.

(10) 이극돈: 성남시 중원구 하대원동 산3-1번지에 있다. 광주 이씨로 세조 때 병조참판, 병·이·호조판서, 대사헌을 했다.

(11) 이경민: 수정구 고등동 산37-1번지에 있다. 에덴 농장 뒤에 위치한다. 덕수 이씨로 선조 때 백천군수 후 좌의정을 했다.

(12) 이경석: 성남시 분당구 석운동 산16번지로 전주 이씨이다. 현종 때 대사헌, 우의정, 영의정을 했다.

(13) 이경헌: 성남시 수정구 상적동 산24-1번지이다. 대왕 저수지 부근으로 덕수 이씨이며 효종 때 좌부승지, 의금부사, 예조참판, 동지돈령부사를 했다.

(14) 이사치: 성남시 수정구 사송동 산75-2번지로 양성 이씨이다. 고려 때 삼중대광보국사를 했고 이몽은 진도군수, 이윤종은 수군첨절제사, 이양정은 행상호군을, 이운은 선략장군을 했다.

(15) 이지함: 성남시 분당구 수내동 산1번지에 있다. 중앙공원 내 한산 이씨 묘역이다. 선조 때 포천 아산 현감, 이조판서를 했다.

(16) 이택: 성남시 중원구 도촌동 산156-3번지이며 고성 이씨이다. 선조 때 예조참판, 관찰사, 한성부윤을 했다.

(17) 이팽수: 성남시 분당구 정자동 산34번지로 전주 이씨이다.

(18) 이희: 성남시 북정동 산20번지로 전주 이씨이다. 배위는 평양 조씨이다.

(19) 정신문화연구원: 경기도 성남시 분당구 운중동 50번지에 있다. 명당으로 보이는 곳이다.

(20) 정일당 강씨: 성남시 수정동 금토동 산75번지이다. 글씨와 시 문에 뛰어나다.

(21) 조견: 성남시 중원구 여수동 산30번지에 있다. 평양 조씨로 세조 때 상장군, 경상도 절제사, 좌군 도총제를 했다.

(22) 조견의 손자: 성남시 중원구 여수동 산25번지에 있다. 좌찬성을 했다.

(23) 최기남: 성남시 수정구 신촌동 산3-1번지이며 야오리 마을이다. 전주 최씨로 광해군 때 병조정랑, 함경도 암행어사, 영의정을 했다.

(24) 한계희: 성남시 분당구 율동 산2번지로 청주 한씨 묘역에 있다. 성종 때 이조판서, 좌찬성을 했다.

(25) 황운보: 성남시 수정구 창곡동 산83-1번지로 외곡 마을에 있다. 창원 황씨로 정조 때 이조판서, 호조판서를 했다.

3. 의정부시 - 8개소

(1) 경빈군: 신곡동 산25 - 1번지에 있다. 성종과 숙의 홍씨의 10남
   이다. 연산군과 왕권 다툼으로 피신했다.

(2) 박세당: 장암동 산146 - 1번지에 있다. 반남 박씨로 숙종 때 판
   중추부사를 했으며 실학자로 주자학을 비판했다.

(3) 신숙주: 고산동 산53 - 7번지에 있으며 능안 마을이다. 남양주
   교도소를 지나 고산 초등학교 주변이다. 고령 신씨로 세조 때
   판서, 좌의정, 영의정을 했다.

(4) 신항: 신곡동 74번지로 고령 신씨이다. 성종의 딸 혜숙 옹주와
   결혼하였다.

(5) 인성군 이공: 금오동 산33 - 1번지에 있다. 해평 윤씨이며 정빈
   민씨 묘는 산31 - 2번지에 있다.

(6) 윤은보: 신곡동 산33번지로 해평 윤씨이다. 중종 때 이·병·호조판서, 좌·우의정, 영의정을 했다.

(7) 정문부: 송산동 산16번지(용현동 379-32)이다. 용현초등학교를 지나 지방노동사무소 뒤이다. 해주 정씨로 인조 때 좌찬성, 대재학을 했다.

(8) 함태영: 자일동 산3-2번지로 검사, 부통령, 한국신학대학교 학장을 했다.

4. 안양시-3개소

(1) 박서: 안양시 만안구 석수동 산168번지로 밀양 박씨이다. 효종 때 관찰사, 의금부 총간, 병조참판, 공·병조판서를 했다.

(2) 삼막사: 안양시 만안구 석수1동 산10-1번지에 있다. 신라 문무왕 때 원효, 의상이 창건했다.

(3) 최경환: 안양시 만안구 안양9동 산79번지에 있다. 경주 최씨로 순조 때 최양업의 부가 2번째 신부로 기해박해를 받아 옥중순교를 했다.

5. 부천시-4개소

(1) 변종인: 부천시 오정구 고강본동 산63-3번지로 능골이다. 밀양 변씨로 세종 때 동지사 자헌대부, 공조판서, 동지중추부사를 했다.

(2) 이한규: 부천시 오정구 여월동 산55번지로 세종의 장남인 화의군의 5대손이다. 숙종 때 형·병조판서, 지중추부사, 도총관을 했다.

(3) 한언: 부천시 소사구 계수동 산3번지이며 청주 한씨이다. 효종 때 이·형조 참의, 대사간 도승지, 대사헌을 했다.

(4) 한준: 부천시 소사구 계수동 산3번지로 청주 한씨이다. 선조 때 병·이·형조 참의, 좌·우 참찬을 했다.

6. 광명시-4개소

(1) 이원익: 소하동 1084번지(소하동 산137)에 있다. 전주 이씨로 광해군 때 영의정을 했다. 대동법을 시행한 인물이다.

(2) 이순신: 일직동 산26-7번지이며 일직주유소 앞에 있다. 덕수 이씨로 광해군 양녕대군의 후손으로 충무공 이순신과 동명이 인이다. 중위장 수군절도사, 유도방위대장, 호남절도사를 했다.

(3) 영회원: 노온사동 산141-20번지이다. 인조 때 소헌세자 부인 희빈 강씨인 강석기의 딸의 능원이다.

(4) 정원용: 노온사동 산572번지이다. 강릉 김씨와 합장이며 동래 정씨이다. 고종 때 예·이조판서, 좌·우의정, 영의정을 했다.

7. 평택시-10개소

(1) 농성 묘: 평택시 팽성읍 안정리 산41-5번지에 있다.

(2) 안재홍 생가: 고덕면 두릉리 646번지에 있다.

(3) 이대원: 평택시 포승면 희곡리 산83-6번지이며 포승면사무소 에서 육교를 지나 희곡리 입구에서 좌회전하면 된다. 함평 이 씨로 선조 때 수군절도사 후에 병조판서를 했다.

(4) 원균: 평택시 도일면 도일동 산82번지이며 도일교회 앞에 있다. 원주 원씨로 선조 때 경상좌수사, 좌찬성을 했다.

(5) 유선 묘: 청북면 후사리 기계 유씨 중시조 묘이다.

(6) 진위향교: 진위면 봉남리 167번지이다.

(7) 최유림: 평택시 독곡동 산53번지로 수성 최씨이다. 성종 때 병조참판, 병마절도사를 했다.

(8) 평택향교: 팽성읍 객사리 185번지이다.

(9) 홍수원 묘: 팽성읍 본정리 322번지이다.

(10) 홍익한: 평택시 팽성읍 본정리 322번지로 평택읍 객사리 45 국도로 둔포리 못 미쳐 추팔리에 묘가 있다. 남양 홍씨로 인조 때 사헌부 방령 후 영의정을 했다.

8. 동두천시 - 6개소

(1) 어유소 묘: 광암동 산 65번지 좌기골(좌치골)에 있다. 충주 어씨로 성종 때 병조판서, 우찬성, 판중추부사를 했다. 동두천시 내행동에 생가가 있고 성종이 사냥하던 곳이다.

(2) 목행선: 동두천시 지행동 산11-1번지에 있다. 사천 목씨로 현종 때 병조 좌란, 사헌부 지평, 대사성 대사간, 승지, 관찰사를 했다.

(3) 정사호: 동두천시 안흥동 산21-6번지로 광주 정씨이다. 광해군 때 호조참판, 대사헌, 형·이조판서, 좌찬성을 했다.

(4) 신용개: 동두천시 상패동 산65번지에 있으며 고령 신씨이다. 중종 때 좌의정을 했다.

(5) 김협: 동두천시 걸상동에 위치하며 경주 김씨이다. 선조 때 전주부윤, 부평부사, 충청감사, 이조판서를 했다. 광해군 때 벼슬에 나가지 않았다.

(6) 김충렬: 동두천시 동안동으로 경주 김씨이다. 중종 때 군수, 서장관(명), 이·호·예조 정랑, 제주목사, 삭령, 군수를 했다.

9. 안산시-15개소

(1) 관우물터: 목내동 472-1번지에 위치한다. 일진전기회사 정문 옆이며 표석은 세종 때 세워졌다. 능선이 단절되었다.

(2) 강징: 상록구 양상동 산16-3번지이다. 진주 강씨로 중종 때 지중추부사, 예조 참판을 했으며 시문에 능했다.

(3) 김여물: 단원구 와동 141번지에 있으며 순천 김씨로 선조 때 의주목사, 영의정을 했다.

(4) 신점: 단원구 신길동 산9-2번지에 있다. 평산 신씨로 명종 때 동부승지, 형·병·예조판서, 의금부사 후 영의정을 했다.

(5) 안탄대: 단원구 성곡동 615번지에 있으며 선조의 외증조부로 적선부위(7품), 중종 때 창빈 안씨의 부이다.

(6) 이익: 상록구 일동 555번지이며 공원 뒤쪽 주택가 계단 위에 사당과 묘가 있다. 여주 이씨로 영조 때 이조판서를 했다. 실학의 대가로 『성호사설』을 지었다.

(7) 유석: 부곡동 산5-1번지로 진주 유씨이다. 인조 때 순찰사, 강원도 관찰사 후 좌찬성을 했다.

(8) 윤강: 단원구 선부동 17-2번지에 있으며 파평 윤씨이다. 현종 때

대사간 이조참의, 대사헌, 도승지, 이·형·예조판서를 했다.

(9) 정명원: 단원구 성곡동 산78번지에 있다. 남양 정씨로 문장과 시에 능했다. 선조 때 예조정랑, 동부승지, 좌승지, 경기도 관찰사를 했다.

(10) 정옹주: 상록구 부곡동 산50-40번지에 있다. 선조의 9녀인 정빈 홍씨이다.

(11) 최정걸: 상록구 사동 산92번지이다. 양주 최씨로 인조 때 절충장군이었으며 임금이 남한산성 파천 중에 길을 열어 주었다.

(12) 최혼: 상록구 사동 83-8번지에 있다. 양주 최씨의 중시조이다. 연산군 때 무오사화에 부, 조부를 모시고 입향했다.

(13) 최용신: 상록구 본오동 879-4번지에 있다. 구한말 최창희의 2녀로 농촌계몽운동과 샘골교회를 건립했다.

(14) 한응인: 상록구 사사동 86번지에 위치한다. 청주 한씨로 선조 때 우의정을 했다.

(15) 홍처윤: 단원구 선부동 112-2번지로 남양 홍씨이다. 현종 때 형조참의, 동부승지, 관찰사, 예조참의 후 이조참판을 했다.

10. 고양시-40개소

(1) 기준: 덕양구 성사동 산 47번지에 있다. 사근절 마을 뒷산이며 쌍분으로 행주 기씨이다. 중종 때 장령, 시강관 응교 후 이조판서 세종 때 중추원부사를 했다.

(2) 기응: 덕양구 성사동 산 54번지이고 선조 때 영의정을 했다.

(3) 기건: 덕양구 성사동 산 54번지에 있다. 행주 기씨로 세조 때

관찰사, 대사헌을 했으며 세조의 관직 요청에 거절을 하였다.

(4) 김명원: 덕양구 관산동 두포동 마을이며 경주 김씨로 선조 때 도원수, 이·호·예·형·공조판서, 유도대장, 우의정을 했다.

(5) 김주신: 덕양구 대자동 산 26 - 1번지에 있다. 경주 김씨로 경종 숙종 때 영돈령 부사, 도총관, 호위대장을 했다.

(6) 김전: 덕양구 원흥동 산 40 - 1번지로 솔개마을에 있다. 연안 김씨로 중종 때 대사성 대사헌, 좌찬성, 판중추부사, 우의정, 영의정을 했다.

(7) 김홍집: 덕양구 대자동 산 26 - 1번지에 있다. 고종 때 대제학, 영의정을 했다.

(8) 공양왕: 덕양구 원당동 산65-6번지에 있다. 문화 유씨와 합장이며 고려 34대왕으로 이성계 일파의 배불숭유론으로 주자가례의를 시행했다.

(9) 권희: 덕양구 성사동 산60-35번지에 있으며 불당골 마을에 있다. 안동 권씨로 고려 충숙왕 문하찬성사, 태조 검교문하시중, 검교좌정승을 했다.

(10) 계원군: 일산구 성석동 산83-3번지이며 진밭 마을이다. 정종의 4대손으로 연산군 때 명성대부 승헌대부 돈령부도정을 했다.

(11) 류겸: 덕양구 행신동 산106-2번지이며 번데뫼 마을로 진주 류씨이다. 태종 때 형조참의, 직제학을 했다.

(12) 류구: 행신동 산106-2번지로 세조 때 진산군으로 덕수 이씨와 합장을 했다.

(13) 류림: 행신동 산109번지로 인조 때 병마절도사를 했고 정경부인 안동 김씨와 합장을 했다.

(14) 류진: 행신동 산106-8번지로 명종 때 도총관, 공조판서, 중추부사를 했으며 글씨와 그림에 능했다.

(15) 민순: 덕양구 현천동 거무내 마을로 항공대학교 주변 밤나무골이다. 선조 때 사헌부 지평, 군수, 공조정랑을 했다.

(16) 미타원: 덕양구 대자동 대자리이다. 통일로 IC 부근이다. 태종 때 성녕대군의 죽음에 넋을 기리기 위해 봉덕사 절에 설치하였다.

(17) 박대립: 덕양구 오금동 산121번지로 큰 골짜기이다. 함양 박씨로 선조 때 관찰사, 대사헌, 형·이·호조판서, 판의금부사를 했다.

(18) 박충원: 덕양구 주교동 산26-1번지로 밀양 박씨이다. 선조

때 좌찬성, 도승지, 대재학, 이조판서, 지중추부사를 했다.

(19) 박태성: 덕양구 효자동 82−1번지에 있으며 밀양 박씨이다. 송축 방향으로 부 박세걸의 묘가 있다.

(20) 박대립: 덕양구 오금동 산121번지에 있다. 함양 박씨로 중종 때 대사간, 관찰사, 대사헌, 이・호・형조판서, 좌・우찬성을 했다.

(21) 심봉원: 덕양동 산89번지로 청송 심씨 묘역이다. 중종 때 홍문관 교리, 사간원 사간, 예조참의, 돈경부돈지사를 했다.

(22) 성억: 덕양구 대자동 대자산 건좌손향이다. 창녕 성씨로 세종 때 공조참판, 공조판서, 도총제, 우찬성, 중추원사 후 좌의정을 했다. 건너 앞산에 왕자들의 묘역이 있다.

(23) 신광한: 덕양구 원당동 왕릉골 마을에 있다. 고령 신씨로 중종 때 대사성, 이조판서, 대제학, 좌우찬성을 했다.

(24) 심희수: 덕양구 원흥동 산89번지로 구석말 마을이다. 청송 심씨로 광해군 때 대사헌, 호・형조판서, 좌・우찬성, 좌・우의정을 했다.

(25) 온녕군: 벽제읍 대자리 올림픽 기념공원에 있다. 미아리서 이장했다. 태종의 7남이다. 좌향은 갑좌경향이다.

(26) 유진동: 덕양구 행신동 산106−8번지이며 번데뫼 마을이다. 진주 유씨로 명종 때 지중추부사, 함경도 감사, 공조판서를 했다.

(27) 유림: 덕양구 행신동 산106−8번지에 있으며 번데뫼 마을이다. 진주 유씨로 인조 때 병마절도사, 삼군수군통제사 후 영의정을 했다.

(28) 유구: 덕양구 행신동 산106−2번지 번데뫼 마을이다. 진주 유씨로 고려 충숙왕 때 청백리이다.

(29) 유형: 행신동 산106번지이다. 진주 유씨로 선조 때 경상우수사, 각도병사 삼도통제사를 했다.

(30) 유여림: 덕양구 관산동 두포동 마을로 간촌 부락 방향이다. 기계 유씨로 중종 때 예문관 검열, 예조판서, 지경춘추판사를 했다.

(31) 이천우: 일산구 성석동 상감천의 황룡산 기슭이다. 전주 이씨로 태종 때 이·병조판서, 판의금부사를 했다.

(32) 이신의: 덕양구 도내동 서촌마을이다. 전의 이씨로 인조 때 형조참판 후 이조판서를 했다.

(33) 이무: 덕양구 주교동 원당중학교 뒷산이다. 단양 이씨로 태종 때 판삼군 부사, 우정승, 영승추부사를 했다.

(34) 월산대군: 덕양구 신원동 능골이다. 성종의 형이다.

(35) 정지운: 일산구 일산동 중산마을이다. 경주 정씨로 명종 때 성리학자이다.

(36) 최영: 덕양구 대자동 산70-2번지이다. 경주 최씨로 고려 우왕 때 문하시중을 했으며 요동정벌을 주장했고 본인의 묘 뒤에 父 최원직(부원군) 묘가 있으며 좌향은 자좌오향이다.

(37) 통계공: 진주 강씨로 중시조이다. 고려 우왕 때 대제학을 했다.

(38) 한규설: 덕양구 원흥동 웃골 마을이다. 청주 한씨로 고종 때 의정부참정, 중추원 고문, 궁내부 특진관을 했다.

(39) 홍이상: 덕양구 성석동 고봉산 잣골 방향이다. 풍산 홍씨로 광해군 때 동부승지, 대사간 부제학을 했다.

(40) 한계미: 덕양구 관산동 산 87번지로 동사무소 안마을이다. 청주 한씨로 성종 때 병마절도사, 좌찬성, 이조판서, 영춘추부사를 했다.

11. 과천시 - 4개소

(1) 강득룡: 과천시 중앙동 종합청사 뒤에 있다. 신천 강씨로 고려 태조 왕건의 외6대조이다. 신라 성골장군이다. 손보육은 왕건의 외고조부이다.

(2) 김약로: 갈현동 찬 우물에 있다. 김인백의 손자로 청풍 김씨이다. 영조 때 지평 수찬, 평안관찰사, 중추부판사, 우의정, 좌의정을 했다.

(3) 차천로: 문원동 고속도로 오른쪽 문원동네 건너 숲속어린이집의 동네 뒷산이며 연안 차씨이다. 선조 때 문장가이며 봉상시 첨정, 외교문서를 전담했다.

(4) 최몽량: 관문동 산23번지로 경주 최씨이다. 명종 때 낭관, 의주판관을 했다.

12. 구리시 - 4개소

(1) 나만갑: 구리시 사노동 산163번지로 안정 나씨이다. 인조 때 강동현감, 형조참의 후 좌의정을 했다.

(2) 동구릉: 인창동 산2-1번지 일원으로 건원릉 등 9개 왕릉이 있다.[16)

(3) 명빈묘: 구리시 아천동 산 14번지에 있다.

(4) 휘릉: 구리시 동구면 동창리 장렬왕후의 능이다.

---

16) 이재영, 「조선왕릉의 풍수적 해석과 계량적 분석 연구」, 동방대학원대학교 박사논문, 2009.

13. 남양주시 - 22개소

(1) 고형곤: 남양주시 수동면 송천리 마을 뒷산에 위치한다. 제주 고씨로 국무총리, 교수, 총장을 역임했다.

(2) 광해군: 남양주시 진건면 송능리 산59번지에 있다. 제15대 임금이나 군으로 강등되었으며 왕비는 유씨이다. 성묘(성능)는 광해군의 생모 공빈 김씨로 건너편에 있다.

(3) 김덕수 묘: 삼패동 산29-1번지이다.

(4) 김상용: 남양주시 와부읍 덕소리 산6번지에 있으며 석실 마을이다. 안동 김씨로 인조 때 이조판서, 우의정을 했으며 병자호란 때 강화성 함락으로 자살을 했다.

(5) 김상헌: 인조 때 예조판서, 좌의정을 했다.

(6) 김번: 남양주시 와부읍 덕소리 산6번지로 안동 김씨이다. 김상헌의 증조부이다. 이곳은 8대 명당으로 이름난 곳이다. 5악과 3성이 있고, 특히 당배와 쌍귀사가 있고 자기 안이 90도로 꺾여 있는 곳이다.

(7) 김식: 남양주시 상패동 171-16번지 평구 부락의 야산 중턱에 있고 청풍 김씨이다. 중종 때 성리학자로 대사성을 했다.

(8) 남재: 남양주시 별내면 화접리 293번지이며 의령 남씨이다. 태종 때 관찰사, 찬성사 우의정을 했고 의령부원군에 봉해졌다. 손자 3명 모두가 급제했다.

(9) 류량: 남양주시 조안면 시우리이며 다산 생가에서 45번 국도를 이용 북한강을 끼고 돌면 왼쪽에 운길산 수종사가 있다. 문화 류씨로 태종 때 대재학, 우의정을 했다.

(10) 박원종: 남양주시 와부읍 도곡1리 산31번지로 순천 박씨이다.

예종 때 무관이며 좌·우의정과 영의정을 했다.

(11) 이구: 남양주시 금곡동 홍릉 뒤 영원의 영친왕 묘역에 있으며 전주 이씨로 고종황제의 손자이며 영친왕의 아들이다.

(12) 이맹현: 남양주시 와부읍 도곡리 산45－1번지이며 재령 이씨이다. 세조 때 문신이다.

(13) 이순지: 남양주시 화도읍 차산리 산5번지로 양성 이씨이다. 세조 때 동부승지, 판중추원부사, 중추원사, 한성부사를 했다. 천문학자, 역법, 산학, 천문, 음양, 풍수 등 다방면에 조예가 밝다.

(14) 이지란: 남양주시 수동면 지둔리 마을 뒷산으로 청해 이씨들의 집성촌이다. 태종 때 지문하부사, 판도평의사를 했다.

(15) 이초: 남양주시 별내면 덕송리 산5번지로 덕흥대원군의 선조부이다. 중종의 서자이다.

(16) 이하응: 남양주시 화도읍 창현리 산22-2번지로 마석사거리, 남양주시 조안면 시우리 45국도 가평 쪽에 있다. 흥선대원군, 영조 현손 고종의 부이다.

(17) 이후락: 남양주시 진건면 사릉리 산66번지에 있다. 사행리 영락교회 근방이다(봉안사 1km 좌측 언덕). 군인, 대통령비서실장, 중앙정보부장을 했다. 이후락 모 묘소는 수동면 사능리 입구로 삼일철강 부근이다.

(18) 장용득: 남양주시 와부읍 덕소리 덕소삼거리 법륜사 부근이나 최근에 다시 이장했다. 울진 장씨이며 하남풍수의 대가이다.

(19) 조맹: 남양주시 진건읍 송능리 산55번지로 풍양 조씨의 시조이다.

(20) 정약용: 남양주시 조안면 시우리(능내리) 산21번지로 나주 정씨이다. 순조 때 좌우부승지, 형조참의를 했다. 생가는 조안면 능내리 마현 부락이며 북한강과 남한강이 만나는 지점에 있다.

(21) 한화: 남양주시 조안면 능내리로 청주 한씨이다. 세조 때 판한성부사, 이조판서, 좌찬성, 좌의정을 했다.

(22) 황정부: 남양주시 멸내면 화첩리로 상주 황씨이다.

14. 오산시-2개소

(1) 문헌서원: 오산시 내삼미동 753-2번지로 해주 최씨이다. 고려 최충인 문헌공을 모신 서원이다.

(2) 지석묘: 오산시 금암동 산53번지로 선사시대 거석문화의 풍요와 다산을 기원했다.

15. 시흥시-15개소

(1) 강희안: 하중동 빛돌 교회 뒷산 중턱의 재실 옆에 묘가 있으며 진주 강씨로 세조 때 형조판서, 중추원 부사를 했다.

(2) 강희맹: 하상1동의 재실 위쪽으로 농가 뒤쪽에 묘(시흥등기소)가 있다. 강희안의 동생으로 진주 강씨이다. 세종 때 좌찬성을 했다.

(3) 김문기: 화정동 오정각(단종 복위 운동으로 멸문)으로 김령 김 씨이다. 세조 때 이조판서를 했다.

(4) 김인백(부인 안동 권씨): 의왕면 왕곡리 위치로 재상이 3명, 상 신이 8명이다. 8대 명당으로 소문이 나 있다.

(5) 김준룡: 군자동 산138-1번지로 원주 김씨이다. 선조 때 장군 전라도병마절도사, 김호도호부사, 영남절도사를 했다.

(6) 김충주: 화정동 오정각(김문기, 아들 현석, 손자 충주, 증손자 경남, 정문)으로 상주에 유배되어 피난생활을 했으며 충효의 본보기이다.

(7) 김치인: 안현동 360-6번지로 청풍 김씨이다. 영조 때 병조판 서, 영의정을 했다.

(8) 류자신: 능곡동 산 32번지로 문화 류씨이다. 명종 때 한성부 판윤, 개성유수이며 父 류잠(공조판서), 류덕신(돈령부 도정), 류희갱(진사)의 묘가 있다.

(9) 박동량: 군자동 산22-2번지에 있다. 반남 박씨로 선조 때 이 조참판, 형조판서를 했다.

(10) 영응대군: 군자동 산70번지로 세종의 8남이다.

(11) 윤민헌: 산현동 산53번지로 파평 윤씨이다. 선조 때 사마시,

광해군 때 병과급제로 승문원에 근무했다.

(12) 조병세: 조남동 산121-7번지로 방화고개 마을이다. 양주 조 씨로 철종 때 대사헌, 예조판서, 좌의정을 했다.

(13) 장유: 조남동 산1-5번지로 덕수 장씨이다. 인조 때 대제학, 예·이조판서, 우의정을 했으며 천문, 지리, 의서, 병서에 능했다.

(14) 하연: 신천동 산12번지로 진주 하씨이다. 세종 때 대사헌, 좌 찬성, 좌의정, 영의정을 했다.

(15) 한준겸: 거모동 산62-4번지로 청주 한씨이다. 자 한희일은 한성자윤, 한두상은 돈령부판관을 했다.

16. 군포시-11개소

(1) 김만기: 군포시 대야미동 산1-12번지로 광산 김씨이다. 숙종 때 영돈령 부사, 훈련대장을 했다.

(2) 송숙기: 군포시 금정동으로 여산 송씨이다. 성종 때 사헌부 감 찰, 한성부윤, 군수, 덕원부사 후 이조참판을 했다.

(3) 안양군: 군포시 산본동 산27-1번지로 산본고등학교 뒤이며 전주 이씨이다. 성종의 3남이다.

(4) 안의: 군포시 산본동으로 순흥 안씨이다. 세종 때 영안부사, 성 주목사 후 이조참판을 했다.

(5) 안우삼: 군포시 산본동으로 순흥 안씨이다. 성종 때 남양부사 를 했다.

(6) 이기조: 군포시 산본동 산152번지로 한산 이씨이다. 효종 때 도승지, 예조판서, 관찰사를 했다.

(7) 이재형 생가: 군포시 산본동 343번지로 국회의원 7선, 상공장관, 국회의장을 했다. 5남 4녀 중 장남이다.

(8) 이행: 군포시 산본동 산158번지로 산본고등학교와 태을초등학교 뒤이며 덕수 이씨이다. 중종 때 대재학, 좌·우의정을 했다.

(9) 정난종: 군포시 속달동 산3-1번지로 동래 정씨이다. 성종 때 이·호·공조판서, 우참찬을 했다.

(10) 홍일동: 군포시 금정동으로 남양 홍씨이다. 세조 때 주부, 판성문화사를 했다.

(11) 한치의: 군포시 산본동으로 청주 한씨이다. 성종 때 공조참판 후 병조판서를 했다.

17. 의왕시-8개소

(1) 김인백: 왕곡동 산 8번지 청풍 김씨로 아들 김극향이 마련(어머니 안동 김씨 안장)했다.

(2) 김인백 부인 묘: 고천동 산29번지로 의왕시청 주차장 뒷산이다. 안동 권씨이다. 정승이 3명, 판서가 6명이 배출되었다. 8대 명당이다.

(3) 안향: 의왕시 월암동으로 순흥 안씨이다. 고려 충렬왕 때 주자학의 선구자이다.

(4) 이구: 의왕시 내손동 35번지로 세종의 4남(소헌왕후)이다. 대광보국 임영대군이다.

(5) 이희승: 의왕시 포일동 87-13번지이며 양지마을이다. 전의 이씨로 동아일보 사장, 서울대학교 학장, 학술원 원장, 헌정회

이사장을 했다.

(6) 임영대군: 의왕시 내손동 산154-1번지로 전주 이씨이다. 세종의 4남 소헌왕후 심씨이다.

(7) 채세영: 의왕시 포일동 산12번지로 평강 채씨이다. 성종 때 천추사, 관찰사, 우승지, 호조참판, 판서, 좌우참찬을 했다.

(8) 한익모: 의왕시 월암동 산26번지로 청주 한씨이다. 영조 때 승지, 대사간, 예조판서 후 영의정을 했다.

18. 하남시-9개소

(1) 밀산군: 하남시 초이동 산1번지로 아들이 밀성군이다. 도제조, 홍록대부를 했다.

(2) 밀성군: 하남시 초이동 319-5번지로 세종의 5남이다.

(3) 박화: 하남시 초이동 산5번지로 반남 박씨이다. 병마도절제사, 관찰사, 중추원부사, 지중추원사, 판의금부사를 했다.

(4) 유진오: 하남시 상산곡동 512-2번지로 섬말이다. 천녕 유씨로 법학자이며 정치가로 고려대학교 총장, 신민당 총재를 했다.

(5) 유홍: 하남시 하산곡동 261번지로 기계 유씨이다. 명종 때 5도 관찰사(충청, 전라, 경상, 함경, 평안), 기성부원군 후 영의정을 했다.

(6) 인화이씨 묘역: 하남시 덕풍동 산24-1번지로 풍수상 명당이다.

(7) 의성군: 하남시 덕풍1동 산64번지로 정종의 4남이다.

(8) 장기영: 하남시 창우동으로 독립운동가, 제헌국회의원, 체신부장관, 서울시장, 민중당총재를 했다.

(9) 정주영: 하남시 창우동으로 현대그룹 회장이다. 생가는 강원도 통천군 송전면 아산리 금강산이다.

19. 용인시 – 48개소

(1) 김대중: 이동면 묘봉리 산155 – 1번지로 15대 대통령을 했다. 부 김운식 묘는 전남 신안군 하의도면에서 이장했다. 생가는 하의도면 후광리에 있다.

(2) 김세필: 수지구 죽전동 산23번지이다.

(3) 곽원진: 외사면 대덕산 기슭으로 현풍 곽씨이다. 고려 충렬왕 때 성절사를 했다.

(4) 곽씨: 남사면 창리 화곡 마을 뒷산이다. 현풍 곽씨이다.

(5) 남구만: 모현면 능원리 산1 – 5번지로 초부리 동쪽 하부곡 마을이다. 의령 남씨로 조선 숙종 때 소론의 거두로 영의정을 했다.

(6) 남양 홍씨 시정공파 무관 묘역: 구성면 중리 산16번지로 선조 때 대호군, 어모장군, 수군통제사를 했다.

(7) 마당쇠 식당: 이동면 송전리 298-1번지이다.

(8) 민유정의 부인 묘: 구성면 상하리 산46-32번지이다.

(9) 민영환: 구성면 마북리 구성초등학교 부근이다. 여흥 민씨로 고종 때 군부대신, 시종무관장을 했으며 명성왕후의 조카이다.

(10) 성종의 장모: 구성면 마북리 산2-4번지로 상마곡 마을이다. 중종의 외조모이다.

(11) 오달제: 모현면 오산리 산47번지로 유공 주유소 뒷산이다. 해주 오씨로 인조 때 부교리, 영의정을 했다. 정몽주 산소가 보인다.

(12) 오명항: 모현면 오산리 산5번지로 해주 오씨이다. 영조 때 지중추부사, 이·병조판서를 했다.

(13) 오윤겸: 묘현면 오산리 산5번지에 해주 오씨이다. 인조 때 영의정을 했다.

(14) 유형원: 백암면 석촌2리 산28-1번지로 문화 유씨이다. 효종 때 통정대부이며 반계수록을 저술했다.

(15) 윤호 부인 묘: 구성면 마복리 산2-4번지이다.

(16) 이귀령 묘: 이동면 서리 산70-3번지이다.

(17) 이경증: 기흥읍 영덕리 산68-16번지로 덕수 이씨이다. 인조 때 이·예조판서를 했다.

(18) 이병철: 포곡면 가실리 미술관 방향이다. 경남 의령으로 와세다 대학교를 중퇴했으며, 삼성 창업주, 삼성 회장, 경제인연합회회장을 했다.

(19) 이숙기: 남사면 아곡리 산6-1번지로 연안 이씨이다. 성종 때

판관, 관찰사, 형·호조판서를 했다.

(20) 이석형: 모현면 능원리 정몽주 묘 건너에 있다. 연안 이씨로 태종 때 대사헌, 판중추부사를 했다.

(21) 이순자: 양지면 추계리로 송병준 고가 뒷산 높은 곳에 있다. 조부모 묘는 영동고속도로 이천 쪽에 있다. 전 대통령의 부인이다.

(22) 이승충: 수지동 상현리로 용인 이씨이다. 세종 때 교리, 판관, 성종 때 절충장군, 공조참판, 자헌대부를 했다.

(23) 이일: 모현면 매산리 산108-1번지에 있다. 상촌 마을로 용인 이씨이다. 선조 때 무신으로 죄지사 판윤, 순변사 무용대장 후 좌참찬을 했다.

(24) 이애, 경신공주: 포곡면 신원리 산40-1번지로 청주 이씨이다. 정태종의 장녀로 경신공과 혼인, 상당부원군이다.

(25) 이완: 고기동 산20-1번지로 덕수 이씨이다. 인조 때 의주 부윤을 했다.

(26) 이유겸 묘: 이동면 천리 산58번지이다.

(27) 이중인: 기흥구 영덕동 산8번지이다.

(28) 이한응: 이동면 덕성리 산70-1번지에 있다.

(29) 이재: 이동면 천리 산58번지로 샘골 우봉 이씨이다. 예종 때 예조참판, 부제학, 대제학, 이조판서를 했다.

(30) 이주국: 원산면 문촌리 산35-1번지로 정조 때 훈련대장, 금위대장, 형조판서를 했다.

(31) 이종무: 수지면 고기리 산79번지로 성남시와 경계 부근이다. 두꺼비 주유소, 관음사 표지판 왼쪽 길로 들어가며 장수 이

씨이다. 세종 때 장천부원군 찬성사, 대마도 정벌 장군이다.

(32) 이한응: 이동면 덕성리 산70-1번지로 고종 때 광무 주영한 국공사 서리, 공사, 가선대부이다.

(33) 임인산 묘: 이동면 묘봉리 산58번지로 평택 임씨 중시조묘로 돌혈이다. 임정의 묘는 안산에 있다.

(34) 양지향교: 양지면 양지리 379번지이다.

(35) 조광조: 수지면 상현리 산55-1번지로 한양 조씨이다. 중종 때 대사헌, 영의정을 했다.

(36) 조중훈: 기흥면 신갈에서 용인 이씨 묘역 부근이다. 대한한공 공사사장, 경제인연합회 부회장, 방위산업진흥회장을 했으며 조부모 묘가 있다.

(37) 조중희: 원삼면 학일리 산49-1번지로 함안 조씨이다. 영조 때 서장관, 예·병·이조판서를 했다.

(38) 조씨 묘: 구성면 상하리 산46-32번지로 풍양 조씨이다. 숙종 때 비 인현왕후의 친정어머니로 민유중의 아내이다.

(39) 정몽주: 모현면 능원리로 영일 정씨이다. 고려 말 공민왕의 수 문하시중이다. 이석형은 연안 이씨로 정몽주의 손녀사위이다. 건너 산에 있다.

(40) 정윤복: 포곡면 전대리 산21-3번지로 나주 정씨이다. 선조 때 부제학, 도승지, 병조참판을 했다.

(41) 최유경: 기흥읍 공세동 산52-2번지이다.

(42) 채제공: 역북동 산5번지로 한우리 아파트 뒷산 중턱이다. 평 강 채씨로 정조 때 영의정을 했다.

(43) 팔명이 정승: 가평군 상면 태봉리 능안 115번지에 있다. 이정
구는 선조 때 정승, 이석현, 이명한, 이일상 등이 있다.

(44) 허균: 원삼면 맹리 산61번지이다.

(45) 허엽: 원삼면 맹동 맹골로 양천 허씨이다. 묘역에는 아들 허
엽은 명종 때 동부중추부사, 허성은 선조 때 성리학자·이조
판서, 허균은 광해군 때 형조판서였으며『홍길동전』을 짓고,
허봉은 서장관, 허난설헌은 김성립의 아내로 문장가이다.

(46) 홍계희: 모현면 일산리 산2-1번지로 개일 마을이다. 남양 홍
씨로 영조 때 관찰사, 이·병조판서, 한성부판윤, 판중추부사
를 했다.

(47) 홍제 묘: 구성면 중리 산16번지이다. 홍하창의 묘와 홍하명의
묘가 있다.

(48) 황림: 수지구 고기동 산14번지로 창원 황씨이다. 선조 때 주
청사, 이조판서, 대사헌을 했다.

20. 파주시-22개소

(1) 교하향교: 금릉동 355번지이다.

(2) 박중손: 탄현면 오금리 산19번지로 면소재지에서 문산 방면으로 오금2리 방앗간을 돌아서 간다. 밀양 박씨로 세조 때 이·공·형·예조판서, 좌찬성을 했다.

(3) 수길원: 광탄면 영장리 266번지로 영조의 후궁 정빈 이씨 묘이다. 이준철의 딸이다.

(4) 서울 시립묘지: 광탄면 용미리에 위치한다.

(5) 성혼: 향산리 산8번지로 파주에서 문산으로 가면서 군부대를 지나면 있다. 창녕 성씨로 선조 때 좌참판, 좌의정을 했다.

(6) 심지원: 광탄면 분수리 산5번지로 윤관 묘 뒤에 있었으나 묘지 분쟁으로 서향으로 이장했다. 효종 때 영의정을 했다.

(7) 심회: 월롱면 명태리 청송 심씨의 6세 손으로 심온(영의정)의
구이며 성종 때 돈령부 주부, 청송부원군 영의정을 했다.

(8) 우길생 묘: 적성면 어유지리 적성군이다.

(9) 윤곤: 연풍리 산21-1번지로 파평 윤씨이다. 세종 때 우참찬,
이조판서를 했다.

(10) 윤관: 광탄면 분수리 산4-1번지에 있다.

(11) 이세화: 문산읍 선유리 산89-4번지로 부평 이씨이다. 숙종
때 예조판서, 청백리이다.

(12) 이의신: 교하읍 교하리에 있으며 교하천도론을 주장했다.

(13) 이희 묘: 조리읍 장곡리 산20-1번지이다. 익양군이다.

(14) 율곡 이이: 파주시 법원읍 동문리 316번지로 자운서원이다. 덕수 이씨로 성리학자, 대제학, 판서, 우의정을 했고 선영 묘역 내에 신사임당의 묘가 있다.

(15) 장순손 묘: 조리읍 봉일천리 산4-11번지이다. 영의정을 했다. 부인 장중지의 묘도 있다.

(16) 정연 묘: 탄현면 법흥리 산148번지에 있다.

(17) 파주향교: 파주읍 파주리 335번지이다.

(18) 황보인 묘: 법원읍 동문리 산72-5번지이다.

(19) 허형손 묘: 조리읍 장곡리 산65-4번지이다.

(20) 허준: 진동면 하포리 산129번지로 양천 허씨이다. 선조 때 한의학자로 호성공신이며 『동의보감』의 저자이다.

(21) 황희: 탄현면 금승리 1번지로 장수 황씨이다. 세종 때 영의정을 했고 모친 묘는 건너 산에 있다. 황희 아들인 황수신은 건너 산에 있다. 태종 때 도승지, 영의정을 했다.

(22) 홍랑: 교하면 청석리로 청석초등학교 주변이다. 선조 때 도평
의사사를 했다.

21. 이천시-9개소

(1) 김병기: 이천시 백사면 내촌리로 안동 김씨이다. 고종 때 금위
영대장, 좌찬성을 했으며 7대의 인재를 배출했다.

(2) 김조순 묘: 부발읍 가좌리 56-1번지로 순조의 장인이다.

(3) 김좌근 고택: 이천군 백사면 내촌리 222-14번지로 안동 김씨
이다. 순원왕후의 동생이다. 철종 때 이조판서, 대사헌, 우의
정, 영의정을 했다. 부 김조순과 양아들 김병기 좌찬성의 묘도
있다.

(4) 권균: 이천시 모가면 산내리 산33-1번지로 안동 권씨이다. 중
종 때 정국공신, 예조판서, 한성부판윤, 우의정을 했다.

(5) 서신일: 이천시 부발읍 산촌리 산19번지로 이천 서씨의 시조
이다. 신라 효공왕 때 서희 서거정 서성을 배출했다.

(6) 수문 묘: 모가면 두미리 6-2번지이다. 좌승지를 했다.

(7) 이명박 부모 묘지: 이천시 호법면 주미리 617번지로 동네 뒤 오
른쪽 산이며 영일목장 뒤이다. 대통령, 국회의원, 서울특별시장
을 했다.

(8) 이정재: 호법면 안평리 산27-6번지이다. 정치 깡패이다.

(9) 이재연 생가: 이천시 율면 산전리 74번지로 돌안 마을이며 소
나무 숲으로 함종 이씨이다. 고종 때 회령부사를 했다.

22. 안성시-14개소

(1) 김보: 고삼면 월항리 산96번지로 서흥 김씨 시조묘이다.

(2) 김암덕: 안성시 서운면 청용리 산2번지로 불당골 청룡사이다. 고종 때 옥관자(정3품)를 했다.

(3) 순흥 안씨: 안성시 금광면 오흥리 산32-1번지로 세종의 소헌 왕후 모친 심온(영의정)의 배위이다.

(4) 심룡 묘: 안성시 당황동 산19-6번지로 청송 심씨이다. 청화부 원군을 했다. 심온의 조부이다.

(5) 숭모재: 안성시 고삼면 월향리 응봉산 아래로 서흥 김씨이며 김굉필의 후손이다.

(6) 안선향교: 명륜동 118번지이다.

(7) 오정방: 안성시 양정면 덕봉리 산47번지에 있다. 덕봉산 가든 (031-674-9654, 양성면 덕봉리 321번지)에 문의하면 자세히 설명해 준다. 해주 오씨로 인조 때 지중추부사 포도대장 병마 절도사를 하였다. 해주 오씨들의 묘역이며 이곳에는 와혈, 겸 혈, 유혈과 돌혈이 있는 곳이다. 오빈, 오사겸, 오재영(국회의 원 후 대통령 후보) 등의 묘가 있다.

(8) 이덕남: 안성시 미양면 구수리 산85번지로 선조 때 병조 참의 를 했다.

(9) 이해룡 고택: 서운면 청룡리 78번지이다.

(10) 양성향교: 안성시 양성면 동향리 114번지이다.

(11) 영창대군: 안성시 일죽면 고은리 산24번지로 중부고속 일죽 IC를 지나 이천 방면으로 우회전하면 고속도로 다리 밑 왼쪽

이다. 선조의 아들이다.

(12) 최규서: 안성시 원곡면 지곡리 산45번지로 평택 쪽 다리 건너 고속도로 다리 밑 집성촌으로 해주 최씨이다. 영조 때 이조판서, 우의정을 했다. 후손은 최충, 최만리 등이 있다.

(13) 최용소 묘: 안성시 일죽면 신흥리 95번지로 강화 최씨이다. 세종 때 공조참판, 관찰사, 형조판서, 한성부부사를 했다.

(14) 홍명호: 안성시 일죽면 가리 산32-50번지 풍산 홍씨이다. 순조 때 서장관, 대사간, 이·예조판서, 판돈령부사를 했다.

23. 김포시-4개소

(1) 권상: 김포시 하성면 마조리 산24-4번지로 안동 권씨이다. 선조 때 당상관, 통정대부를 했다.

(2) 심연원: 김포시 통진읍 옹정리 산14-2번지로 청송 심씨이다. 명종 때 형·호조참판, 이·호조판서, 좌·우찬성, 우의정, 영의정을 했다. 심강은 명종 때 도총관, 영돈령부사, 청릉부원군을 했다.

(3) 심효겸: 김포시 장기동 산180-6번지로 청송 심씨이다. 선조 때 현감, 신천군수 후 이조참판을 했다.

(4) 양성지: 김포시 양촌면 대포리 산32-2번지로 남원 양씨이다. 성종 때 이조판서, 대제학을 했다.

24. 화성시 - 21개소

(1) 김상로: 우정면 조암리로 청풍 김씨이다. 영조 때 호조판서, 우의정을 했다.

(2) 남양 홍씨 묘역: 서신면 홍법리 산30번지로 홍법사 입구이다. 홍진도는 인조 때 부사, 홍언필은 연산군 때 영의정, 홍형은 연산군 때 우부승지, 홍담은 선조 때 이조판서를 했다.

(3) 남이: 비봉면 남전2리 산145번지로 의령 남씨이다. 예종 때 이시애 난을 평정하고 병조판서를 했다.

(4) 노숙범: 서신면 전곡리로 교하 노씨이다. 교하노공의 참봉이며 통정대부이다.

(5) 박사 마을: 양감면 요당 1리 전주 류씨 집성촌이다. 박사 13명이 배출됐다.

(6) 백천장: 태안읍 기안리 산7번지로 수원 백씨이다. 고려 충선왕
   때 원나라로 유학하여 한림학사, 우승상, 금자광록대부이다.

(7) 서거정: 봉담면 왕림리 47번지로 대구 서씨이다. 성종 때 육조
   판서, 대사헌, 과거시험관을 했다.

(8) 신빈 김씨 묘역: 남양동 산131-7번지로 청풍 김씨이다. 김원
   은 첨지중추원사를 했다.

(9) 이복원 묘: 비봉면 쌍학리 산40-18번지에 있다. 이만수 묘지
   도 있다.

(10) 용주사: 태안면 안녕리 1-1번지로 정조의 부 사도세자를 위
   해 기도하던 절이다.

(11) 융, 건릉: 화성시 태안면 안녕리 산1-1번지에 위치한다.

(12) 조구서 묘: 매송면 야목리 887-5번지이다. 조계상의 묘도 있다.

(13) 조용필 생가: 화성시 송산면 쌍정 2리 대정마을로 주인이 바
   뀌었다. 예술가, 국민가수와 대중가요 가수이다. 부모와 처의
   묘지는 송산면 서강3리에 있다.

(14) 정난종: 반월면 속담리로 반월 저수지 위쪽 바깥이다. 동래
   정씨로서 예가이며 성종 때 이·호·공조판서, 우참찬을 했다.

(15) 정재륜: 반월면 속담리로 정난종의 주소와 같다.

(16) 정광필: 중종 때 영의정을 했다. 정난종의 아들이다.

(17) 최영규 묘: 매송면 숙곡리 산81-5번지이다.

(18) 최종현: 봉담읍 왕림리 167번지로 서거정 묘 좌측 능선이다.
   SK그룹 회장, 전경련 부회장을 했다. 선영에 화장으로 안치
   됐다.

(19) 홍한: 서신면 홍법리 산70번지로 예종 때 이조참의를 했다.

(20) 홍사용: 동탄면 석우리 산77번지로 남양 홍씨이다. 고종 때 시인으로 동인지를 발간했다.

(21) 홍난파: 활초동 283번지로 화성시청 전방 500미터 지나 우회 전해서 500m 지점이다. 일제강점기 때 음악가, 서울음악협회 조직, <고향의 봄>, <봉선화>, <성불사의 밤> 등을 작곡 하였다.

25. 광주시-17개소

(1) 김근사: 초월읍 지월리 703번지로 영의정이다. 김감과 김면의 묘도 있다.

(2) 김균: 오포면 능평리 산89-1번지로 조선 초기 때 무관이며 태조 때 서안도 지군사, 좌찬성을 했다.

(3) 김석위: 남종면 귀여리 산75번지로 청풍 김씨이다. 숙종 때 도 승지, 부제학, 이·병조판서, 대제학, 우의정을 했다.

(4) 김자수: 오포면 신현리 산120-1번지로 경주 김씨이다. 고려 우왕 때 형조판서를 했다.

(5) 김익훈 묘: 퇴촌면 무수리 산4-3번지이다.

(6) 권진: 남종면 삼성리 산22번지로 안동 권씨이다. 조선 태조 때 대제학, 좌의정, 숭록대부를 했다.

(7) 남호: 광주시 태정동 직동(직리)으로 의령 남씨 묘역에 있다.

(8) 맹사성: 직동 산27번지로 신창 맹씨이다. 세종 때 좌·우의정, 청백리이다. 정경부인 철원 최씨 묘지는 직동리 맹산 중턱이 고 뒤쪽에 맹사성의 묘가 있다. 생가는 충남 온양 632군도를

타고 예산 배망면 중리 방향으로 맹씨 행단이다.

(9) 신립: 곤지암읍 신대리 산1－1번지로 동네 뒷산이며 평산 신씨이다. 선조 때 도총관, 판관, 팔도순변사, 영의정을 했다.

(10) 신익회 생가: 초월면 서하리 160－1번지로 사마루 마을이며 평산 신씨이다. 제헌 국회의장, 대통령 후보를 했다.

(11) 신흠: 퇴촌면 영동리 산12번지로 평산 신씨이다. 인조 때 좌·우의정, 영의정을 했다.

(12) 의안대군: 전주 이씨이며 태조의 8남이다.

(13) 안당: 퇴촌면 도마리 산 22번지로 순흥 안씨이다. 중종 때 이·호·형·공조판서, 좌의정을 했다.

(14) 안정복 묘: 중대동 197－20번지로 돌혈이다. 광주 안씨이다. 영조 때 동지중추부사를 했으며 토지 사창론을 주장했다.

(15) 조영무: 퇴촌면 광동 2리 산16번지로 한양 조씨이다. 태종 때 개국공신으로 한산부원군, 우의정을 했다.

(16) 최항: 퇴촌면 도마리 산11번지로 삭녕 최씨이다. 성종 때 집현전 학사, 좌·우의정, 영의정을 했다.

(17) 허초희: 초월면 지월리 산29번지로 양천 허씨이다. 안동 김씨 묘역 아래에 있다. 김성립의 묘가 있다.

26. 양주시－18개소

(1) 권율: 양주군 장흥면 석현리 산168번지로 안동 권씨이다. 선조 때 도원수, 영의정을 했다.

(2) 김번: 양주시 와부읍 덕소리 석실마을로 안동 김씨이다. 중종

때 정언서윤, 세도정치 후 이조판서를 했다. 전국 8대 명당으로 명망이 있다. 정승이 15명, 판서가 35명, 대제학이 6명, 왕비가 3명이다. 이곳은 3성과 5악이 있는 곳으로 자기 안이 90도로 꺾여 물을 거수해 주며 쌍귀와 당배귀사가 있는 곳으로 8대 명당답다.

(3) 남을진: 양주시 은현면 봉앙리 24번지로 의령 남씨이다. 고려 공민왕 때 참지, 문하부사를 했다.

(4) 남회: 양주시 온현면 도하리 산16번지로 의령 남씨이다. 세종 때 병조참판, 의령군 절충장군을 했다.

(5) 무학대사: 양주시 희천읍 희암리 희암사이다. 사찰 주변에 부도 등이 많이 있다.

(6) 백인걸: 양주시 광적면 효촌리 산28번지로 수원 백씨이다. 선조 때 대사헌, 이금부사 참판을 했다.

(7) 송질: 양주시 은현면 선양리 산15－1번지로 여산 송씨이다. 성
종 때 관찰사, 형·호·이·예조판서, 우의정, 영의정을 했다.

(8) 성희안: 양주시 장흥면 일영리 산62번지로 절골이다. 창녕 성
씨로 중종 때 부총관, 우의정, 영의정을 했다.

(9) 이수광: 양주군 장흥면 삼하리(능모리) 위 산기슭으로 전주 이
씨 선영에 있다. 광해군 때 도승지, 이조판서, 영의정을 했다.

(10) 이준: 양주시 남면 신산리 1－1번지로 전주 이씨이다. 연산군
때 도총사, 영의정을 했다.

(11) 이해수: 양주시 남면 한산리로 선친은 이탁(영의정)이며 전의
이씨이다. 선조 때 예조참의, 대사간, 성절사를 했다.

(12) 윤자운: 양주시 백석면 홍죽리 산27번지로 무승 윤씨이다. 세
조 때 우찬성, 성종 때 우찬성, 영의정을 했다.

(13) 양천 임씨 감찰공파 시조 임유손의 묘지: 남양주시 와부읍 덕
    소리 312 – 8번지로 5악과 3성이 있고 겸혈로 곡겸이며, 건해
    좌이나 실제로는 임좌이며 우선룡으로 해좌가 적당한 것으로
    판단된다.

(14) 조영무: 양주시 백석면 연곡리 산25 – 1번지로 한양 조씨이다.
    태조 때 개국공신이며 우의정을 했다.
(15) 정민시: 양주시 양주읍 산북리 산92번지로 온양 정씨이다. 정
    조 때 이·호·예·병조판서, 대사간을 했다.

(16) 정렴: 양주시 양주읍 산북리 산92번지로 온양 정씨이며 중종 때 음률, 천문, 의약, 지리 등 복서학자이다.

(17) 최명창: 양주시 덕계동 산64번지로 개성 최씨이다. 중종 때 예조참판, 황해감사, 원주목사를 했다.

(18) 홍지: 양주시 남면 상수리 산15번지로 남양 홍씨이다. 태조의 부름을 사양했다.

27. 포천시-25개소

(1) 김질 묘: 내촌면 엄현리 산92번지이다. 좌의정을 했다.

(2) 김종숙 묘: 내촌면 내리 산12번지이다.

(3) 김홍근: 일동면 기산리 46번지로 안동 김씨이다. 순조 때 예조판서, 좌의정, 영의정, 영돈녕부사를 했다.

(4) 류전 묘: 일동면 길명리 318−2번지이다.

(5) 심통원: 소홀면 이곡리로 청송 심씨이다. 명종 때 좌·우승지, 관찰사, 예조참판, 대사헌, 좌·우의정을 했다.

(6) 서성: 포천읍 설운리 산1−14번지이다. 대구 서씨로 부는 서해이고 광해군 때 형·병조판서를 했다. 후손은 3정승, 3대제학을 배출했다. 아들 경우는 우의정, 경국은 관찰사, 영보는 정조 때 대제학, 6대손 서청원 국회의원이 있다. 서해 묘도 있다.

(7) 성여완: 신북면 고일2리 산24번지로 창녕 성씨이다. 고려 충숙왕 때 목사, 민부상서 창녕부원군, 검교문하시중을 했다.

(8) 성석린: 신북면 고일2리 산30번지로 창녕 성씨이다. 고려 공양왕 때 문하장성사, 태종 때 영의정을 했다.

(9) 안평대군: 신북면 신평리 산46번지로 세종의 3남이다. 후손으로 이시영, 이희영(조부), 이종걸(국회의원) 등이 있다.

(10) 이경여 묘: 내촌면 엄현리 산22번지이다. 영의정을 했다.

(11) 이광묘: 신북면 선단동 산11번지이다. 진계대원군이다.

(12) 이항복 선영: 가산면 금현리 산5번지로 동네 왼쪽이다. 경주 이씨로 선조 때 우의정, 영의정을 했다. 조부 묘이다. 본인은 산4−2번지에 있다.

(13) 이한동 생가: 군내면 명산리 231번지이다. 부모 묘지는 집 주변이고 조부모의 묘지는 동네 앞이다. 고성 이씨로 국회의원, 장관, 국무총리를 했다.

(14) 인평대군 이요 묘: 신북면 신평리 산46−1번지로 포천중학교 주변이다. 좌향은 임좌병향이다.

(15) 인흥군 이영 묘: 양중면 양문리 산18−1번지로 선조의 12남

이며 모는 정빈 민씨이다.

(16) 유경선 묘: 가산면 금현리 산34번지이다.

(17) 유흥부: 소흘면 무봉리로 기계 유씨이며 세조 때 동지중추원
사, 단종복위로 사육신이다.

(18) 양사언: 일동면 길명 3리 금주산 기슭으로 간성 이씨이다. 선
조 때 문관으로 군수, 통정대부를 했다.

(19) 조경 묘: 신북면 만세교리 산1−1번지이다. 한양 조씨이다.

(20) 정기안 묘: 가산면 가산리 42−1번지이다.

(21) 정만석: 가산면 가산리 240−4번지로 온양 정씨이다. 정조 때 암
행어사, 좌·우승지, 이·호·형·공·병조판서, 우의정을 했다.

(22) 전계대원군: 선단동 산11번지로 철종 임금이다.

(23) 포천향교: 군내면 그읍리 176번지이다.

(24) 평산 신씨: 가산면 마전리 뒷산이다.

(25) 허준구 묘: 내촌면 마명리 127－3번지이다. 서운동산 내에 있다. 외무부장관 김동조의 묘도 있다.

28. 여주군－44개소

(1) 굿 혹은 절: 여주교도소 가업리로 여주컨트리클럽 부근으로 굿하기 좋은 절터이다.

(2) 기찬서원: 금사면 이포리 산26－1번지이다.

(3) 경섬 선생 묘: 흥천면 대당리 48－1번지이다.

(4) 김구주 묘: 가남면 심석리 350－6번지이다.

(5) 김문근의 묘: 여주군 대신면 197－1번지로 김성행, 김제겸, 김이장의 묘가 있다.

(6) 김영구의 고택: 여주군 대신면 보통리 190－2번지로 정승판서가 22명이나 된다.

(7) 김창집의 묘: 여주군 대신면 초현리 산12－15번지로 영의정을 했다.

(8) 권규 묘: 점동면 덕평리 산9－1번지이다. 권담의 묘도 있다.

(9) 권철현: 가남면 심석2리로 연합철강 회장이며 조부모와 부모, 본인의 자리가 있다.

(10) 민유정 묘: 여주읍 능현리 산26－23번지이다.

(11) 민진장: 점동면 부구리 산8－4번지로 여흥 민씨이다. 숙종 때 예조참판 도승지, 형조판서, 우의정을 했다. 민중정의 아들이다.

(12) 민진후: 가남면 안금리 산120－6번지로 여흥 민씨이다. 숙종 때 대사간, 판의금부사를 했다. 조부 민기현, 증조 민백분, 고

조 민익수의 묘가 있다.

(13) 민정중: 여주읍 상거리 산21-4번지로 여흥 민씨이며 현종 때 이·공·호·형조판서, 좌의정을 했다.

(14) 민치록 묘: 가남면 안금리 산56-1번지이다.

(15) 명성왕후 생가: 여주읍 능현리 250번지로 민유중은 숙종의 장인으로 숙종 때 영돈령부사를 했다.

(16) 박갱의 묘: 여주군 대신면 천서리 산8번지로 함양옹주, 박집, 박구령, 박무필 묘지 등이 있다.

(17) 박득중: 금사면 소유리 250번지로 밀양 박씨이다. 부는 박서 창이고 조부는 박경이다.

(18) 박준원 묘: 여주읍 가업리 산7-48번지이다.

(19) 서희: 금사면 후리 산53-1번지로 상품리에서 다리를 건너간 다. 부는 서필이다.

(20) 우홍부: 대신면 상구리 산50번지로 단양 우씨이다. 고려 때 전의감부령을 했으며 태조 때 유배생활을 했다.

(21) 윤개: 금사면 하호리 산1-1번지이다. 윤이손의 묘소도 있다.

(22) 이계전 묘: 점동면 사곡2리 371번지이다.

(23) 이인손: 능서면 신지리 산236-3번지로 광주 이씨 시조이다. 이당의 증손이다. 세조 때 참판, 한성부윤, 호조판서, 좌찬성, 우의정을 했다.

(24) 이완: 여주읍 상거리 산19-1번지이며 덕수 이씨이다. 인조 때 가선대부, 판서, 우의정을 했다.

(25) 이충원 묘: 산북면 백자리 147번지이다. 재실 뒷산이다.

(26) 임승재 묘: 여주읍 능현리 311번지이다. 임사홍의 아들이다.

(27) 임원준: 여주읍 능현리 산24-8번지로 풍천 임씨이다. 연산 군 때 좌참찬을 했다. 임사홍의 묘도 있다.

(28) 어세겸 묘: 가남면 금당리 산91-1번지이다.

(29) 여주향교: 여주읍 교리 261-1번지이다.

(30) 영릉: 능서면 왕대리 산83번지이다. 세종대왕과 효종의 능이 있다.

(31) 원두표: 여주읍 북내면 장암리 산28번지로 원주 원씨이다. 좌 의정을 했다.

(32) 원상 묘: 강천면 걸은리 산57-1번지이다.

(33) 원몽린 묘: 여주군 대신면 상구리 산11-110번지에 있다.

(34) 원유남 묘: 북내면 장암리 산348-1번지이다.

(35) 원호 장군 묘: 북내면 장암리 산1-1번지이다.

(36) 정경부인 이씨의 묘: 여주군 대신면 상구리 34-2번지에 있다.

(37) 정대연 묘: 점동면 원부리 산2-2번지이다.

(38) 최경화: 여주군 대신면 송촌리로 최창조 교수의 선고 묘지이다.

(39) 최시형: 금사면 주록리 산96-19번지로 경주 최씨이다. 자는 최동희이고 손자는 최익환이다. 고종 때 동학 2대 교주이다.

(40) 홍명하 묘: 흥천면 문장리 산22-1번지이다.

(41) 홍성민: 금사면 이포리 산14-2번지로 남양 홍씨이다. 선조 때 교리 대사간, 호조참판, 판중추부사, 대제학, 호조판서를 했다.

(42) 홍영식: 흥천면 문장리 산82번지로 남양 홍씨이다. 고종 때 참판을 했다.

(43) 한백겸: 강천면 부평리 1번지로 청주 한씨이다. 광해군 때 내 자직강 호조참의를 했다. 한효윤, 한홍임, 한홍일의 묘가 있다.

(44) 한여필 묘: 강천면 부평리 산1번지이다.

29. 연천군-16개소

(1) 강희백 묘: 왕징면 강서리 산175-3번지이다. 증조부는 강내
리에 있다.

(2) 경순왕: 연천군 장남면 고량포리 산18번지로 신라 56대왕으로
문성왕의 6대손이다.

(3) 낙성군: 연천군 궁평리 623번지로 전주 이씨이다. 종친회서 관
리한다.

(4) 마정승 묘: 연천읍 양원리 408-4번지이다.

(5) 박종우: 연천군 장남면 반정리 산55번지로 아래에 둘째 부인
장씨의 묘가 있다. 운봉 박씨로 태종 때 우성부원군, 자헌대부,
좌찬성을 했다.

(6) 박진: 연천군 백화면 두일리 산149-2번지로 밀양 박씨이다.
선조 때 우병사, 전라병사, 좌찬성을 했다.

(7) 신호 묘: 미산면 유촌리 산140-2번지에 있다.

(8) 심덕부: 연천군 미사면 아미리 산110번지로 청송 심씨이다. 고
려 때 청성부원군 조선 때 위화도회군을 도운 공신이다.

(9) 숭의전: 연천군 미산면 아미리로 개성 왕씨이다.

(10) 이숙 묘: 청산면 궁평리 산623번지이다.

(11) 윤인함: 연천군 청산면 백의리 산26-1번지로 파평 윤씨이다.
선조 때 경주부윤, 형조참판, 이조판서를 했다.

(12) 윤호: 연천군 미산면 미아리 산32-1번지로 파평 윤씨이다. 성

종 때 영원부원군, 함경도 도찰사, 우의정, 영돈령부사를 했다.

(13) 왕순례 묘: 미산면 아미리 산9번지에 있다.

(14) 지창용: 연천군 군남면 옥계리 산기슭 중간 지점으로 충주 지씨이다. 풍수술가로 서울 국립묘지를 정했다고 한다.

(15) 정발: 연천군 미산면 백석리 산34-1번지로 경주 정씨이다. 선조 때 선전관 첨사, 좌찬성을 했다.

(16) 허목 묘: 연천군 왕징면 강서리 산90번지로 양천 허씨이다. 숙종 때 우의정, 판중추부사를 했다.

30. 가평군-11개소

(1) 경현단: 가평군 설악산 서촌리 70번지로 미원서원 부근이다. 현종 때 성리학자이다.

(2) 박태선 묘: 설악면 송산리 143번지로 통일교 장로이다.

(3) 이방실: 가평군 가평읍 하색리 산81번지로 함안 이씨이다. 고려 공민왕 때 대호군 장군, 추밀원부사, 중서시랑평장사를 했다.

(4) 이빈 묘: 설악면 신천리 산61번지이다.

(5) 이수준 묘: 청평면 삼회리 산61-2번지이다.

(6) 이재협 묘: 가평읍 대곡리 379-4번지로 영의정을 했다. 이세용, 이보혁, 이경호의 묘도 있다.

(7) 이정구: 가평군 상면 태봉1리 산115-1번지로 능안산 밑에 있다. 연안 이씨로 인조 때 이 병조판서, 우의정을 했다. 아들인 명한은 대제학, 소한은 영의정, 손자 일상은 대제학, 은상은 형조판서, 유상은 도승지, 증손 명한은 영의정, 현손 문원은 영의

정, 장자는 대제학을 했다.

(8) 이천보: 가평군 상면 연화리 226번지로 연안 이씨이다. 영조 때 문인으로 영중추부사, 우의정, 영의정을 했다.

(9) 이필행 묘: 설악면 선촌리 산29번지이다.

(10) 유몽인: 가평군 가평읍 하색리 산81번지 진동으로 이방실 묘 가다가 도로변에 있다. 고흥 유씨로 광해군 때 도승지, 예·이조참판을 했다.

(11) 장익호 묘: 가평읍 상색리 쓰레기매립장 위에 있다.

31. 양평군 - 27개소

(1) 강맹경: 옥천면 신복리 산301번지로 진주 강씨이다. 세조 때 도승지, 영의정을 했다.

(2) 김사형: 양서면 목왕리 산49번지로 안동 김씨이다. 조선 개국 공신으로 대사헌, 병마도통처치사, 대마도 정벌을 했다. 신효창은 관찰사, 좌군도총제 후 좌의정을 했고 풍수지리학의 대가이다.

(3) 김여지: 강하면 왕창리 산27번지로 연안 김씨이다. 세종 때 직재학, 병조판서, 의정부 참찬을 했다. 김도 묘도 있다.

(4) 권경우: 지세면 수곡리 629-2번지로 안동 권씨이다. 성종 홍문관부교리 도승지를 했다.

(5) 숙안 공주: 용문면 화전리 산24. 합장 효종 장녀, 부군 익평군(홍득기-도총관 효종 사은사)이다.

(6) 신효창: 양서면 목왕리 산49번지로 김사형의 사위로 태조 때

관찰사, 좌군도총제, 좌의정을 했으며 풍수지리학의 대가이다.

(7) 심충겸: 옥천면 아신리 산135 - 1번지로 청송 심씨이다. 선조 때 호·병조참판, 병조판서를 했다.

(8) 안승우: 양동면 석곡리 산11번지로 순흥 안씨이다. 고종 때 의병장을 했다.

(9) 이단하 묘: 양동면 쌍학리 산9 - 1번지이다.

(10) 이덕형: 양서면 목왕리 산82번지로 이준경의 묘지 간판에서 위쪽 아치형 다리 넘어 있다. 광주 이씨로 선조 때 좌·우의정, 영의정을 했다.

(11) 이식: 양동면 쌍학 2리로 덕수 이씨이다. 인조 때 대사헌, 이·형조판서를 했다.

(12) 이섭 묘: 양동면 쌍학리 산9 - 1번지이다. 이안성, 이식의 묘도 있다.

(13) 이순몽: 개군면 공세리 산28번지로 영천 이씨이다. 인종 때 병마절제사 판중추부사를 했다.

(14) 이양우: 양서면 대심리로 전주 이씨이다. 태조 때 찬성사, 사은사, 완성부원군에 봉해졌다.

(15) 이적: 지제면 지평리 산11번지로 지평 이씨이다. 고려 고종 때 우승선 추밀원부사, 상서좌복사, 추밀원사를 했다.

(16) 이준경: 양서면 부용리 산35 - 1번지로 이덕형 묘에서 용담리 쪽으로 내려가면 표지판이 있다. 광주 이씨로 선조 때 우의정, 영의정을 했다.

(17) 이제신: 서종면 수입리 다리에서 삼거리 직진하면 노문리, 여기에서 우회전하면 된다. 철성 이씨로 선조 때 영의정을 했다.

(18) 이항로 묘: 서종면 노문리 산69-1번지이며 생가는 서종면 노문리 535-6번지로 벽진 이씨이다. 고종 때 공조참판, 성리학자이다.

(19) 이행원 묘: 서종면 수능리 산2-1번지이다. 이중기의 묘도 있다.

(20) 이호민: 옥천면 신복리 산27-1번지로 연안 이씨이다. 인조 때 부제학, 예조판서, 대제학, 좌찬성을 했다.

(21) 여운영 생가: 양서면 신원리 624번지이다.

(22) 유관: 강하리 산157번지로 문화 유씨이다. 인종 때 숭록대부 우의정을 했다.

(23) 윤승길: 조현리 박골 마을로 해평 윤씨이다. 중종 때 관찰사, 형조판서, 의금부사, 좌참찬을 했다.

(24) 양헌수: 단월면 덕수리 산59-3번지로 남원 양씨이다. 고종 때 좌포도대장, 어영대장, 근위대장, 형·병조판서를 했다.

(25) 지평향교: 지평면 대평리 343번지이다.

(26) 정창손: 양서면 부용리 산37-3번지로 동래 정씨이다. 성종 때 대사헌, 영의정을 했다.

(27) 조욱: 용문면 덕촌리 산7번지로 평양 조씨이다. 중종 때 참봉, 장수현감, 이조참의를 했다.

강원도

강원도의 풍수형국은 인체로 말하면 갈빗대에 해당된다고 하였으며, 동물로는 꿩으로 칭하였으며 라학천은 비결에서 칩복지단(蟄伏知短)이라 하였고, 이중환은 『택리지』에서 협맹다준(峽氓多蠢)이라 하였고, 윤형임은 경기도사에서 암하노불(岩下老佛)이라 하여 상호 대조적으로 해석하였다. 강원도는 18개 시군으로서 100개소의 관산지가 있는 곳이다.

1. 춘천시 - 9개소

(1) 강원도청: 춘천시 신북동 우두산 충혼탑 조영루 정면에 묘지가 있다. 옛날 궁궐터가 있다.

(2) 김우명: 춘천시 서면 안보1리 산25 - 1번지로 현종의 장인이며 명성황후의 부로 도호부사를 했다.

(3) 김유정: 춘천시 신동면 증리 실레마을로 청풍 김씨이다. 순종 때 소설가로 구인회를 조직하여 순수문예 활동을 했다.

(4) 류인석: 춘천시 남면 가정2리 산91번지로 고흥 류씨이다. 고종 때 의병장을 했다.

(5) 신숭겸: 춘천시 서면 방동1리로 8대 명당으로 되어 있다. 신라를 도와 팔공산서 궁예와 전투를 했으며 왕건을 살린 장군이다.

(6) 조만영: 춘천시 신북읍 지내3리 신동중학교 부근으로 풍양 조씨이다. 헌종 때 풍은부원군으로 영돈추부사, 예·이조판서, 영의정을 했다.

(7) 김정: 춘천시 칠전동 산41-12번지로 조달청 건너편 대우2차 아파트 가는 길에 있다. 광산 김씨로 고려 공민왕 때 찰방사 대호군에 봉해졌다.

(8) 한백록: 춘천시 서면 금산리 산64번지로 관음동 골짜기 보건소 부근이다. 청주 한씨로 선조 때 현감, 경상우수사 첨사, 남해미조항전사 후 병조판서를 했다.

(9) 한승수: 춘천시 서면 신매리로 청주 한씨이다. 외무장관, 주미대사를 했고 한덕수는 국무총리를 했으며 한명수 등이 있다. 춘천 박사마을로 서면 전체는 110명 신매리는 22명이 났다.

2. 원주시-6개소

(1) 김제남: 원주시 지정면 안창리 능촌 마을로 연안 김씨이다. 광해군 때 이조좌랑, 영의정을 했다.

(2) 조엄: 원주시 지정면 간현리 산69-12번지로 풍양 조씨이다. 영조 때 문신으로 지평 수찬, 통신사, 대마도서 고구마 종자를 보급했다.

(3) 원천석: 원주 행구동 산37번지로 원주 원씨이다. 고려 말 진사, 태종의 스승이다.

(4) 원충갑: 원주시 지장면 간혈3리 산25번지로 원주 원씨이다. 고려 충렬왕 때 상호군 장군을 했다.

(5) 정윤겸: 원주시 호저면 옥산리 정골로 원주 원씨이다. 중종 때 성절사 동지중추부사, 삼척부사를 했다.

(6) 최규하 생가: 원주시 봉산동으로 원주시립박물관 부속건물 자리로 추정된다. 강릉 최씨로 10대 대통령, 국무총리 외무부 장관을 했고 선친은 박물관 뒷산에 있다.

3. 강릉시-7개소

(1) 강릉 김씨 사당: 강릉시 성산면 보광 2리 삼왕동 태종무열왕과 명주군왕, 매월당 김시습의 사당이다.

(2) 김주원: 강릉시 성산면 보광리 285-1번지로 강릉 김씨 시조묘이다. 통일신라 태종무열왕 5대손으로 명주군왕에 봉했다. 신라 육부촌 회의에서 큰 비로 강을 못 건너자 원성왕이 이 자리를 차지했다.

(3) 선교장: 강릉시 운정동 431번지로 9대 만석꾼 집이다. 고종 때 이내번이 축조로 순조 이후 증축했다. 길지의 양택 자리이며 와혈로 우선국이다.

(4) 이설당: 강릉시 사천면 판교리 경포대 사천진리 초등학교 뒤로 강릉 김씨이다. 김주원은 강릉 왕, 김광철은 참판, 김광진도 참판, 허난설헌이 출생했으며 최돈웅 국회의원의 소유이다.

(5) 최입지 생가: 강릉시 강문동 초당마을 475-3번지이다.

(6) 최입지: 강릉시 강문동 초당마을 475-3번지로 강릉 최씨이다. 중시조이며 고려 내사시랑 평장사로 강릉 2대 세도가이다.

(7) 허균: 『학산초담』을 지었으며, 양천 허씨이다. 선조 때 허엽의

3남이며, 좌참찬, 진주부사를 지냈고, 『홍길동전』의 저자이다.
허초희는 누나로 여류시인이다.

4. 동해시 - 5개소

(1) 신주군: 동해시 발한동 산146번지로 삼척 심씨이다.
(2) 심상열 고택: 동해시 이원동 68-7번지로 심용섭 9대조가 250
    여 년 전에 건립했다.
(3) 김형기 고택: 동해시 이원동 68-7번지 부근이다.
(4) 심한: 동해시 발한동 산146(181-1)번지로 삼척 심씨이다. 고
    려 공민왕 때 문신이며 신제공 예의판서를 하고 진주군에 봉
    해졌다.
(5) 양사언: 동해시 삼화동 무릉계곡 내에 있으며 청주 양씨이다.
    선조 때 통정대부이다.

5. 태백시 - 2개소

(1) 단군성전: 태백시 소도리 당골 안쪽 계곡으로 하늘에 제사를
    지내는 곳이다.
(2) 천제단: 태백시 소도동 산80번지로 천왕당 태백산 정상에 있
    다. 자시에 하늘에 제사를 지낸다.

6. 속초시 – 3개소

(1) 김근수: 속초시 도문동 150 – 4번지로 200여 년 전 함평 이씨가 건립하였다. 목조 건물이다.

(2) 김종우: 속초시 도문동 811번지로 대암집으로 정면에 바위가 있다. 영조 때 전주 이씨가 건립하였으며 지금은 주인이 다르다.

(3) 신흥사: 설악동 170번지에 있다.

7. 삼척시 – 10개소

(1) 김위옹: 삼척시 성북동 43번지로 삼척 김씨이며 시조이다. 신라 경순왕의 8남이며 김춘추의 아들로 좌승상을 했다.

(2) 공양왕: 삼척시 근덕면 궁촌리 178번지로 고려 34대 마지막 왕이다.

(3) 박걸남: 삼척시 노곡면 여삼리 산148번지로 밀양 박씨이다. 선조 때 무신으로 임진왜란 시 의병장이었다.

(4) 이득성: 근덕면 부남리 166 – 1번지로 우계 이씨이다.

(5) 이승휴: 삼척시 미로면 내미로리 785번지로 천은사 부근이다. 충렬왕 때 도병마사, 서상관관원, 감찰어사, 전중시사, 승지를 했다.

(6) 왕릉비: 삼척시 사직동 213 – 1번지로 사직릉이다. 김위옹은 군왕으로 일성군이며 경순왕의 손자로 밀양 박씨이다.

(7) 영경묘: 삼척시 미로면 하사전리 산53번지이다. 전주 이씨로 이성계 5대 조모와 혼례를 치렀다.

(8) 죽서루: 삼척시 성내동 9번지로 고려 원종 때 창건했다. 조선

초기 때 건축하여 태조 때 김효손이 중창했다.

(9) 준경묘: 삼척시 미로면 활기리 산149번지로 전주 이씨이다. 조
선 태조의 5대조이다. 좌향은 유좌묘향이다. 황장목이 천연보
호림으로 지정되어 있다.

(10) 초당 생가: 삼척시 초당동 475번지로 양천 허씨이다. 외조부
는 김광진으로 병조판서, 김광철은 애일당, 허엽은 명종 때
동부승지, 대사간, 관찰사, 동지중추부사를 했다.

8. 홍천군 — 3개소

(1) 남궁억 묘: 홍천군 서면 모곡리 산94번지에 묘가 있다. 함열 남씨
로 고종 때 독립운동가로 죽으면 무궁화 밑에 매장하라고 하였다.

(2) 민병태: 홍천군 서면 모곡리 산94번지로 고종 때 3·1독립만세,
민병태, 민병숙 형제가 독립운동을 했고 민병선은 면장을 했다.

(3) 박경사: 홍천군 두촌면 천치1리 샘재 마을로 로또 407억 원이
당첨된 곳이다.

9. 횡성군 — 7개소

(1) 김순이: 갑천면 구방리 공동묘지에 있으며 김해 김씨이다. 횡
성 3·1독립만세 운동을 했다.

(2) 의병총: 횡성군 서원면 금대리 금대분교장 부근이다. 고종양위
와 군대 해산에 대한 의병활동을 했다.

(3) 원주 원씨 시조묘: 횡성읍 정암리 산207-1번지로 와혈이다.

(4) 원황 선생의 묘: 횡성읍 갈풍리 산20번지로 원주 원씨이다.

(5) 조충장군 묘소: 횡성읍 정암리 산207-1번지로 횡성 조씨이다.

(6) 태종대: 횡성군 강림면 감림리 216-3번지로 치악산 국립공원 매표소 위쪽이다. 이방원의 스승인 원천석이 벼슬을 거부하고 찾아가 기다리던 곳이다.

(7) 한상열: 우천면 문암리 336번지로 고종 때 을사보호조약 반대로 독립운동을 했다.

10. 영월군-6개소

(1) 김병연: 영월군 하동면 와석리 어래산 아랫니다. 방랑시인 김삿갓의 주인공이다. 순조 때 홍경래 난으로 조부가 굴복하자 방랑하였다.

(2) 법흥사: 영월군 수주면 법흥리 사자산 아래 있다. 좌향은 자좌 오향으로 적멸보궁이다. 신라 선덕여왕 때 자장율사가 창건했다.

(3) 선암마을: 영월군 서면 제천 IC를 지나 영월 쪽으로 가면 한반도 모양의 마을이 있다. 우리나라 지도와 닮은 마을, 산, 바다이다.

(4) 선돌(멘히르): 영월군 영월읍 방절리 '소나기재' 부근이다. 장엄한 바위가 서서 있다.

(5) 장릉: 영월군 영월읍 영흥리 산131번지에 있다. 호장 엄홍도가 죽음을 무릅쓰고 시신을 수습했다.

(6) 청령포: 영월군 남면 광천리 하천으로 단종의 유배지이다.

11. 평창군 - 2개소

(1) 김남옥: 평창읍 대하리 141번지로 대하리 전통가옥이다. 순조 때 고가로 13대째 계속 살아가는 집이다.
(2) 사고지: 평창군 진부면 동산리 산1번지로 월정사 부군이다. 선조 때 조선왕조실록, 왕실족보를 보관했으며 전국 5대 사고지 중 외사고이다.

12. 정선군 - 4개소

(1) 고학규: 정선군 정선읍 봉양리 217-1번지로 제주 고씨이다. 23대손 고학규의 가옥, 중시조가 건립 1805년 중수했다.
(2) 박진문: 정선군 진원면 학림리 들판으로 진원리를 지나면 시조 묘의 표지판이 있다. 진원 박씨로 시조묘이다. 박혁거세 42세손이다.
(3) 이종후: 정선군 임계면 봉산리 산216번지로 숙종 때 이조판서를 했다.
(4) 정선군 묘소: 정선군 남면 낙동리로 정선 전씨이다.

13. 철원군 - 8개소

(1) 김응하: 철원군 철원읍 화지리 산1-1번지로 안동 김씨이다. 광해군 때 경원판관, 삼수군수를 했다.
(2) 겸혈 대지: 철원군 동승읍 관우리 450번지로 도피안사이다.

(3) 안기: 철원군 동송읍 상노2리로 순흥 안씨이다. 좌향은 간좌곤
　　향이며 고려 때 상호군을 했다.

(4) 유척기: 철원군 갈말읍 문혜리 324번지로 영의정을 했다.

(5) 윤세영의 묘: 철원군 동송읍 오지리 금연저수지 인근으로 SBS
　　회장이다.

(6) 지석묘: 철원군 갈마읍 토성리 821－1번지로 북방식의 개석이다.

(7) 전적비: 철원근 근남면 마현리로 백마고지 위령비가 있다.

(8) 최영 장군 출생지: 철원군 어운면 하길리에 있다.

14. 화천군－2개소

(1) 인민군 막사: 화천군 상서면 다목리 군부대 안이다. 한국전 때
　　인민군 사령부 막사가 있으며 등록문화재이다.

(2) 화천향교: 화천군 화천읍 하리로 현감 김시민이 창건했다.

15. 양구군－2개소

(1) 박수근: 양구읍 정림리로 미술관과 기념공원이 있다.

(2) 지석묘: 양구군 양구읍 하리 508번지에 위치한다.

16. 인제군－2개소

(1) 박인환 생가: 인제군 인제읍 상동리 159번지로 강촌마을이다.
　　광무시 한국 현대시인이다.

(2) 한용운: 인제군 북면 용대리 183번지로 만해 마을이 있다.

17. 고성군 — 3개소

(1) 금봉재 고가: 고성군 회화면 봉동리 1219번지로 고성 이씨 용헌공파 재실이다.

(2) 마장군: 고성군 마암면 석마리로 말 석상이 있다. 비보적인 풍수의 모습이 보인다. 동네 입구에는 호랑이를 제압하기 위한다는 표지판이 있다.

(3) 최강: 고성군 하일면 학림리로 전주 최씨이다. 선조 때 의병장으로 경상 좌수사, 충청수사, 포도대장 후 병조판서를 했다.

18. 양양군 — 2개소

(1) 검성래: 영양군 현남면 복분리로 14대 조부가 150여 년 전에 건립하였다. 처음에는 초가에서 1960년경 와가로 지붕을 개량했다.

(2) 동해신묘: 양양읍 조산리 399번지로 낙산해수욕장 부근이다. 태평세대와 풍농, 풍어를 기원하는 제사이다.

충청북도

충청북도는 12개의 시군에 산재되어 있으며 관산지는 100개소이다. 이 도는 우리나라에서 유일하게 바다와 접해 있지 않는 곳으로 육지의 대륙을 가진 곳이다. 충청도는 일등 갑지로 주목된다.[17]

1. 청주시─7개소

(1) 곽여찬 묘: 탑동 49─1번지이다. 곽진의 묘도 있다.

(2) 곽예 묘: 명암동 산20─1번지이다.

(3) 송상현: 청주시 수의동 산1─1번지 강촌 마을 뒷산의 왼쪽 산길이다. 여산 송씨로 선조 때 사재감 동래부사를 했다.

(4) 이제열 묘: 가경동 768번지이다.

(5) 최명길: 청원군 북이면 대율리로 오른쪽 증평IC 가는 국도에 표지판이 있다. 전주 최씨로 인조 때 한성판윤, 우의정, 영의정을 했다.

(6) 한란 묘: 청주시 가산리로 청주 한씨이다. 중시조이며 고려 태조 때 삼한 통합공신이다. 상신이 13명, 왕비가 6명, 공신이 24명이다.

---

17) 장익호, 『유산록』, p.8.

(7) 곽예: 청주시 상당구 명암동 산3번지로 청주 곽씨이다. 고려 고종 때 국자감 대사성, 감찰대부를 했다.

2. 충주시-17개소

(1) 김극충의 묘: 충주시 주덕읍 화곡리 179번지로 김홍집의 조부이다.

(2) 김극함의 묘: 충주시 이류면 본리로 겸혈이며 문주리에 김의지의 묘가 있다.

(3) 김극형: 가금면 봉황리 산29-1번지이다.

(4) 김의지 묘: 이류면 문주리 652-3번지이다.

(5) 김예몽 묘: 금가면 잠병리 777번지이다. 김덕문, 김말문의 묘가 있다.

(6) 권상하: 동량면 손동리 산67번지이다.

(7) 갈마마을: 충주시 가금면 창동리 갈마마을로 신립 장군이 말에게 물을 먹이던 곳이다.

(8) 상재봉조형: 충주시 동량면 서운리이다.

(9) 우천석: 충주시 산척면 송갈리 산105-1번지로 단양 우씨이다. 고려 충렬왕 때 서해도관찰사, 전라도안령부사, 문하시중을 했다.

(10) 유용량 묘: 충주시 노은면 안락리 산89번지로 유몽정의 묘가 있다.

(11) 양능길 묘: 엄정면 신만리 산58번지이다.

(12) 이상급 묘: 주덕읍 사락리 474-2번지이다.

(13) 이수일: 충주시 금가면 오석리 20번지로 경주 이씨이다. 명종 때

병마절도사, 숭정대부, 형조 판서, 계림부원군 후 좌의정을 했다.

(14) 임경업: 충주시 풍동 산45-1번지로 평택 임씨이다. 인조 때 의주부윤을 했다.

(15) 채희철: 충주시 엄정면 원곡리로 평강 채씨이다.

(16) 허적 묘: 소태면 오량리 570-3번지이다. 허한의 묘도 있다.

(17) 황참의: 동량면 하천리 397번지이다.

3. 제천시-4개소

(1) 김대유: 제천시 수산면 도전리로 청풍 김씨 시조이다. 고려 때 생원, 청원부원군, 문하시중을 했다.

(2) 박도수: 제천시 금성면 구룡리 305번지로 1864년 건립했다.

(3) 장우성: 제천시 수산면 다불리이다.

(4) 정원태: 제천시 금성면 월림리 621번지이다. 19세기 초반에 양반집 풍수지리 명당 터 등을 점지했다.

4. 청원군-35개소

(1) 강감찬 묘: 옥산면 국사리 산26-2번지이다.

(2) 김기창: 청원군 내수면 형동리 428-2번지로 경주 김씨이다. 동양화의 대가이며 청각장애가 있다.

(3) 김사렴 묘: 오창읍 모정리 산8번지이다.

(4) 덕천서원: 청원군 가덕면 노동리 169-3번지이다.

(5) 민이실: 청원군 북일면 입동리로 연당 마을이다. 광해군 때 호

조참판이었으나 광해군의 패륜 행위에 낙향했다.

(6) 박광우 묘: 남이면 수대리 산73-1번지이다.

(7) 박사 마을: 청원군 현도면 시목2리 윗갯밭 마을이다. 한 마을에 5명의 박사가 탄생했다.

(8) 박선원 묘: 옥산면 신촌리 산9-1번지이다.

(9) 박세한: 청원군 내수읍 둑방리 산19-1번지로 밀양 박씨이다. 박경휘의 子는 공조참의, 가선대부를 했고 박의신은 부승지를 했다.

(10) 박훈 묘: 옥산면 신촌리 산9-8번지이다.

(11) 신경행 묘: 증평읍 남차리 산3-1번지이다.

(12) 신중엄 묘: 낭성면 관정리 430-1번지로 고령 신씨이며 신숙주의 6세손이다.

(13) 신채호: 청원군 낭성면 귀내리 305번지 기념관 뒤에 묘소가 있으며 평산 신씨로 고종 때 독립운동을 했다.

(14) 신흥식 묘: 청원군 가덕면 인차리 219-1번지이다.

(15) 신형호 고택: 가덕면 인차리 148-2번지이다.

(16) 손병희: 청원군 북이면 금암리 385-2번지로 고종 때 3·1운동 33인의 한 사람으로 동학 3대 교주이다.

(17) 송귀수 묘: 남이면 문동리 산114-2번지이다. 송시열의 증조부이다.

(18) 송세양: 청원군 남일면 화당리로 마을 뒤 송씨 묘역이다. 은진 송씨로 세종 때 건원릉 참봉을 했다.

(19) 송인수 묘: 문의면 남계리 산69-3번지이다. 송시열의 증조부이다.

(20) 송응경: 청원군 문의면 남계리 산69-3번지로 은진 송씨이다. 선조 때 사복시정, 선무원종, 3등 공신을 했다.

(21) 이공인: 청원군 미원면 수락동(가양리) 8번지로 경주 이씨이다. 세조 때 익제공파 7대 후손으로 박팽년의 사위이다.

(22) 이상훈: 청원군 강내면 저산리로 경주 이씨이다. 국방부장관으로 父는 이창우이며 6남 1녀가 경기고등학교를 나왔다. 이상철은 정보통신부장관을 했다.

(23) 이인행: 남일면 고은리 산25번지이다.

(24) 이함장 묘: 청원군 오창읍 모정리 산8번지이다.

(25) 이항의 가옥: 남일면 고은리 190번지이다.

(26) 오숙동: 청원군 현도면 달계1리 산65-1번지로 보성 오씨의 시조이다. 고려 때 거란을 토벌했다.

(27) 오숙동 부인 묘: 현도면 상삼리 610-8번지이다.

(28) 유활선생 묘: 청원군 오창읍 백현리 산36번지이다.

(29) 안인강 묘: 현도면 노산리 산77-2번지이다.

(30) 양원식: 청원군 가덕면 노동리 75-5번지이다.

(31) 최명길: 청원군 북이면 대율리 산253-3번지로 전주 최씨이다. 선조 때 성균관 유생, 병조정랑, 서인 인조반정의 일등공신이다.

(32) 최석정 묘: 북이면 대율리 237-15번지이다.

(33) 청남대: 청원군 문의면 남계리 산69-3번지로 전두환 대통령의 별장이다.

(34) 한란 묘: 남일면 가산리 산18-1번지이다. 8대 명당이다.

(35) 한란 생가: 남일면 방서리 대머리 마을이다.

5. 보은군 – 6개소

(1) 김수온: 보은군 보은읍 지산리 332번지로 송죽초등학교 주변이다. 영동 김씨로 세종 때 영산부원군, 치평요람 의방유치 편찬, 금강경 번역을 했다.

(2) 고봉정사: 보은군 마로면 관기리 구보갑(족보 보관)으로 능성 구씨의 중시조이다.

(3) 선병묵: 보은군 외속리면 하개리 96번지로 선씨들의 집성촌이다.

(4) 성운: 보은군 보은읍 성죽리 산35번지로 창녕 성씨이다. 명종 때 관직 등용을 거절했다.

(5) 신병국 : 보은군 보은읍 이평리 45번지로 고종 때 한옥의 변형기에 건축을 했다.

(6) 태실: 보은군 내속내면 사네리 산1 – 1번지로 조선 순조 때 대왕 태실이다.

6. 옥천군 – 4개소

(1) 옥천향교: 옥천읍 교동리 320번지이다.

(2) 육영수: 옥천군 옥천읍 교동리 313번지로 옥천 육씨이다. 대통령 부인과 3정승터이다.

(3) 조헌: 옥천군 안남면 도농 1리 삼승초등학교이다. 백천 조씨로 선조 때 현감을 했다.

(4) 정지용 생가: 옥천군 옥천읍 하계리로 이화여대, 숙명여대 교수, 시문학 동인지를 했다.

7. 영동군 — 11개소

(1) 김수온: 영동군 용산면 한곡리 산18 - 1번지에 있다. 비탈진 포
    도밭 길로 영동 김씨이다. 성종 때 판중추부사, 영중추부사를
    했다.

(2) 김선조: 영동군 양강면 괴목리 401 - 2번지로 조선 17세기 말
    사대부집으로 자연경관과 조화가 맞다.

(3) 김양 묘: 용산면 백자전리 산38 - 26번지에 있다.

(4) 김영연 묘: 심천면 단전리 산46번지이다. 김건 묘가 있다.

(5) 김자수: 영동군 심천면 각계리 382번지로 경주 김씨 중시조이다.
    고려 말 문신으로 형조판서를 했다.

(6) 박공 묘: 심천면 길현리 산27 - 1번지이다.

(7) 박연: 영동군 심천면 고당리 산49번지로 밀양 박씨이다. 고려
    우왕 때 악률 악기사를 하고 세종 때 이조판서 대제학을 했다.
    부모는 마곡리 산57 - 2번지에 있다.

(8) 박흥거 묘: 심천면 마곡리 915 - 4번지이다.

(9) 박흥생: 영동군 심천면 고당리 산52 - 1번지로 밀양 박씨이다.
    태종 때 대제학을 했다.

(10) 소석 고택: 심천면 초강리 420 - 2번지이다.

(11) 송재문: 영동군 심천면 초강리 420 - 2번지로 고종 때 민속
    가옥이다.

8. 증평군-4개소

(1) 배극렴: 증평군 증평읍 송산리 산28번지로 경산 배씨이다. 고려 우왕 때 합포진첨사 태조 때 개국공신으로 성산부원군 문하좌시중을 했다.

(2) 신경행: 증평군 증평읍 남차리 산3-1번지로 영산 신씨이다. 선조 때 한산군수, 청난공신 병조참의, 동부승지, 예조판서를 했다.

(3) 신립: 증평군 가금면 장동리 갈마마을로 평산 신씨이다. 선조 때 팔도 순변사, 함북병사, 탄금대 사수에서 전사 후 영의정을 받았다.

(4) 연병호: 증평군 도안면 석곡리 555번지로 괴산 연씨이다. 고종

때 독립운동가, 독립혁명당, 상해임시정부 수립 후 제헌국회의원을 했다.

9. 진천군 – 19개소

(1) 김사혁: 진천군 백곡면 석현리로 강릉 김씨이다. 정종 때 전라도도원수 병마대원수를 했다.

(2) 김유신 생가: 진천군 진천읍 상계리 18번지로 장군의 탄생지이다. 나당연합군으로 백제가 고구려를 정벌했다.

(3) 남연년 : 진천군 백곡면 명암리로 의령 남씨이다. 영조 때 무신으로 박천 군수, 이인좌 난 순절 후 좌찬성을 했다.

(4) 남지: 진천군 문백면 평산리 산18-1번지 안룽 마을로 의령 남씨이다. 남지 손자는 세종 때 감찰, 좌·우의정을 했다.

(5) 송인: 진천군 덕산면 두촌리 산21-7번지로 고려 인종 때 삼중대광문하평장사를 했다.

(6) 이거이: 진천군 진천읍 상계리 산45-1번지로 청주 이씨이다. 태종 때 병마절도사 문하좌정승, 영사평부사, 서원부원군을 했다.

(7) 이상설: 진천군 진천읍 산척리 산적마을로 진천 이씨이다. 고종 때 독립운동가였다.

(8) 이상직: 진천군 진천읍 교성리로 경주 이씨이다. 고종 때 을사조약을 반대하였으며 독립운동을 했다.

(9) 이시발: 진천군 초평면 용정리 산21-3번지로 고령 신씨이다. 선조 때 형조판서, 함경감사를 했다.

(10) 이영남: 진천군 덕산면 기정리 틈이실로 선조 때 임진왜란 조방

장, 이순신과 진도 대첩을 했고 공조참판 후 병조참판을 했다.

(11) 이정: 진천군 문백면 사양리 사미 마을로 청주 이씨이다. 고
려시대 태사공으로 형부상서를 했다.

(12) 이정부: 진천군 문백면 시양리 산58번지로 청주 이씨이다. 고
려 충숙왕 때 판관, 형부상서를 했다.

(13) 이집: 진천군 이월면 사곡리 산137-1번지로 광주 이씨이다.
숙종 때 지평, 영조 때 효자문이 있다.

(14) 윤병한: 진천군 광혜원면 광혜원리로 칠원 윤씨이다. 고종 때
육군참위, 농민계몽운동을 했다.

(15) 진천농교: 진천군 문백면 구곡리로 돌다리이다. 일명 농다리
로 다리의 문이 28개로 하늘의 별인 28수를 상징하기 위해
다리 문을 조성했다.

(16) 진천향교: 진천읍 고성리 416번지이다.

(17) 정철: 진천군 문백면 봉죽리 산14-1번지로 연일 정씨이다.
선조 때 우의정을 했으며 가사 문학을 전공했다.

(18) 홍우경: 진천군 광혜원면 실원리 산50-2번지로 남양 홍씨이다.
광해군 때 통헌대부, 오위도총도총관을 했다.

(19) 홍정명: 광혜원면 실원리 산602번지이다.

10. 괴산군-23개소

(1) 각연사: 칠성면 태성리 38번지이다.

(2) 김권 묘: 불정면 지장리 산57-1번지이다.

(3) 김석 묘: 괴산읍 능촌리 산24번지이다. 김언묵, 김시양의 묘가 있다.

(4) 김시민: 괴산읍 능촌리 산2-2번지이다. 김언묵, 김석의 묘가 있다.

(5) 김인갑 생가: 문광면 문법리 411-1번지이다.

(6) 괴산향교: 괴산읍 서부리 104번지이다.

(7) 괴혈: 괴산군 괴산읍 제월리 위치로 주인의 산에 머슴이 발복받아 후손이 사업가, 고급공무원을 했다. 주인은 아래와 위에 묘가 있다.

(8) 배극렴 묘: 증평읍 송산리 산28번지이다.

(9) 신현돈 생가: 괴산읍 신기리 213-1번지로 특전사령관이다.

(10) 송시열 묘: 괴산군 청천면 청천리 산7-1번지 청천시장으로 은진 송씨이다. 숙종 때 좌·우의정을 했으며 노론의 영수이다.

(11) 이광악 장군 묘: 불정면 삼방리 167-3번지이다.

(12) 이인서 묘: 감물면 이담리 490-1번지이다. 이석형의 현손이다.

(13) 연사종 묘: 도안면 화성리 317-3번지이다.

(14) 전유형 묘: 소수면 소암리 산39번지이다. 의민공이다.

(15) 장륜 묘: 청안면 효근리 692번지이다.

(16) 장암 묘: 불정면 지장리 산100번지이다.

(17) 정장암 묘: 불정면 지장리 542-1번지이다.

(18) 정인지: 괴산군 불정면 외령리 산44번지로 하동 정씨이다. 성종 때 우의정, 영의정을 했다.

(19) 정호: 괴산군 불정면 지장리 1039번지로 영일 정씨이다. 영조 때 검열, 정언, 영의정을 했다. 정철의 현손이다.

(20) 조렴: 괴산군 문광면 송평리로 순창 조씨이다. 조렴은 8세 문 성공이며 조봉은 9세 순성부원군이며 조민은 10세로 진사공 이다.

(21) 청안향교: 청안읍 읍내리 278번지이다.

(22) 홍범식 묘: 괴산읍 제월리 산21－122번지이다.

(23) 허섭 걸인 묘: 청천읍 청천리 167－4번지이다.

11. 음성군－18개소

(1) 김주태 고택: 감곡면 영산리 239－1번지에 있다.

(2) 꽃절: 음성군 원남면 새터 마을이다. 주변 형세가 꽃 씨방에 절이 있어 주위가 아름답다.

(3) 권근: 음성군 생극면 방축리 능안 마을로 안동 권씨이다. 고려 공민왕 때 문하평리, 태종 때 대제학을 했다. 권제는 권근의 아들로 세종 때 동지중추원사, 대제학, 우찬성을 했다. 권남은 권근의 손자로 세조 때 우찬성, 우의정을 했다. 3대 묘가 일렬로 되어 있다.

(4) 권준 장군 묘: 소이면 갑산리 412－1번지이다.

(5) 남취오: 음성군 원남면 상노리이다. 6대손 남승우는 과거에 급제했다.

(6) 민영모: 음성군 금왕읍 사창 1리 경모제이다. 여흥 민씨로 고려 명종 때 제상을 했다.

(7) 민영위 묘: 금왕읍 구계리 207－1번지이다.

(8) 민장군 묘: 금왕읍 유촌리 177－7번지이다.

(9) 반기문: 음성군 원남면 상당1리로 거제 반씨이다. 외무부 장관을 거쳤으며, 유엔 사무총장이다.

(10) 서정우 고택: 감곡면 영산리 585－3번지이다.

(11) 신항구 묘: 감곡면 문촌리 396－4번지이다.

(12) 영모 묘: 금왕읍 사창리 349－6번지로 여흥 민씨의 4세손이다.

(13) 어재연 묘: 대소면 성본리 68－6번지이다. 어재순의 묘도 있다.

(14) 우흔남 묘: 생극면 관성리 136－2번지이다. 우사인, 우성립, 우일선의 묘가 있다.

(15) 음성향교: 음성읍 읍내리 158－1번지에 있다.

(16) 지천서원: 생극면 팔성리 167번지에 있다.

(17) 채신보: 음성군 원남면 삼룡리 639－6번지이다. 마을 뒷산으로 인천 채씨이다. 세조 때 현감, 도호부사를 했다.

(18) 채수: 음성군 원남면 삼용리로 인천 채씨이다. 연산군 때 예
조참판, 관찰사를 했다.

12. 단양군-2개소

(1) 구인사: 단양군 영춘면 백자리 132-2번지로 고려 숙종 때 천
태종을 창종했다.
(2) 조자형 고택: 단양군 가곡면 덕산리 49번지로 19세기 중엽에
건립했다.

충청남도

충청도는 사람에 대해 복부에 해당된다고 하였으며 동물에 비교해서는 까치의 작형(鵲形)에 해당된다고 하였고 라학천은 부경용호라, 이중환은 전취세리라, 윤형임은 청풍명월이라 하여 물 맑고 깨끗함을 논하였다.[18] 충청남도는 16개 시군에 150여 개소에 달하는 관산지를 가진 도이다.

1. 천안시 - 23개소

    (1) 김부용의 묘: 천안시 동남구 동남구 광덕리 640번지로 김이양의 묘도 있다.

    (2) 김시민: 천안시 병천읍 가전리 백전 앞산으로 창평 이씨이다. 선조 때 진주목사를 했다. 두사충이 점지했다.

    (3) 김시민 생가: 병천면 가전리 460 - 1번지이다.

    (4) 김제조의 묘: 동남구 광덕면 보산원리로 맹만택의 묘도 있다.

    (5) 김충갑의 묘: 천안시 수신면 장산리 산34번지에 있다.

    (6) 곽시징의 묘: 병천면 관성3리로 자연부락이 별제이다.

    (7) 노은정: 병천면 도원리 산19번지에 있다.

---

18) 이몽일, 앞의 책, p.131 재인용.

(8) 독립기념관: 천안시 목천읍 남화리 2번지로 양기적 명당이다.

(9) 목천향교: 교촌리 129번지이다.

(10) 민익현 가옥: 동남구 직산읍 군서리 108번지이다.

(11) 박문수: 천안시 북면 은지리 산1-1번지로 은석산 은석사 뒤에 위치한다. 영조 때 암행어사, 병조판서, 이조참판, 영의정을 했다.

(12) 신자경: 동남구 북면 오곡리 산58번지이다.

(13) 아우네 순대: 병천리 173-6번지에 있다.

(14) 이시백: 천안시 동남구 광덕면 매당리 407-5번지이다. 경모사 뒤에 묘지로 연안 이씨이다. 인조반정 때 공신이며 병자호란 때 남한산성을 지켰다. 영의정을 했다.

(15) 유관순 생가: 천안시 동남구 병천면 용두리 338-1번지로 고흥 류씨이다. 천안시 병처면 지령리에서 태어나 용두리 아우내 장터서 독립만세 운동을 했다.

(16) 유장장군의 묘: 천안시 동남구 광덕면 광덕리 645-4번지로 주위에 광덕사가 있다.

(17) 유호걸 묘: 서북구 목천읍 덕전리 503-1번지이다.

(18) 조고: 동남구 풍세면 구룡리 육군참모총장의 묘지이다.

(19) 조병옥 생가: 천안시 병천면 용두리 261-6번지에 생가 및 선영 묘역이 15대에서 18대가 있다. 철학박사로 민족운동을 했으며 국회의원 당대표 대통령 출마를 했다.

(20) 한명회: 천안시 수신면 속창리 산11-1번지로 경부고속도로 옆이다. 부인의 묘가 뒤쪽에 있으며 청주 한씨로 세조 때 영의정을 했다.

(21) 홍대용 생가: 천안시 수신면 장산리 646-1번지이다. 왼쪽 석
재공장 옆길 50m에 있다. 남양 홍씨로 영조 때 사헌부 감찰
을 했다.

(22) 홍대용 묘: 수신면 장산리 462-22번지에 있다.

(23) 홍양호 묘: 서북구 용곡동 462-16번지로 풍산 홍씨이다.

2. 공주시-31개소

(1) 김갑순: 공주시 내흥리 계룡산 장하고개로 갑사 좌측 길 수도
암 뒤로 김해 김씨이다. 고종 때 군수 참의를 했고 공주 최고
의 땅 부자이나 망했다고 한다.

(2) 김옥균 생가: 정안면 광정리 38번지이다.

(3) 김종서: 공주시 장기면 대교리로 순천 김씨이다. 문종 때 함경도절제사, 좌·우의정, 6진 설치를 했다.

(4) 공주향교: 교동리 211번지이다.

(5) 겸혈 명당: 이인면 만수리 264번지이다.

(6) 권위기: 공주시 이인면 주봉리 268-2번지로 경연 참찬관, 현감, 숭정대부이다.

(7) 노원급 묘: 우성면 동곡리 135-1번지이다.

(8) 남이웅 묘: 반포면 봉곡리 12-3번지이다.

(9) 무령왕: 공주시 금성동 5-1번지 송산리 고분군으로 백제 25대 왕이다. 왕릉 발굴로 백제유물 2,900점이, 그 속에서 국보가 22점이 출토되었다.

(10) 박찬: 사곡면 운암리로 국회의원을 했다.

(11) 송산리 고분군: 공주시 금성동으로 돌방무덤과 벽돌무덤이다.

(12) 서기 묘: 반포면 공암리 산10-1번지이다.

(13) 신성균: 공주시 유구읍 신영리로 평산 신씨이다. 후손 중 장성이 5명 배출되었다.

(14) 심택현: 공주시 의당면 율정리 유료 낚시터 우측 끝자락으로 청송 심씨이다. 윗대가 영조 때 승정대부, 공·예·형·이조판서, 지중추부사를 했다. 아들이 심대평이다.

(15) 이귀: 공주시 이인면 만수리 산4-5번지로 연평 이씨이다. 인조 때 인조반정 공신으로 연평부원군, 병·이조판서 후 영의정을 했다.

(16) 이도 묘: 신관동 산115-1번지이다.

(17) 이목 묘: 우성면 내산리 503번지이다. 이새장의 묘도 있다.

(18) 이수 묘: 검상동 산12번지이다.

(19) 이징 묘: 이인면 오룡리 산2-1번지로 인조의 장자이다.

(20) 이태사: 공주시 시목동 홍수조절통제소 위쪽 산으로 전의 이씨이다. 고려 이태사 묘이다.

(21) 이한: 공주시 시목동 금강 홍수 통제소 뒷산 중턱으로 전주 이씨의 시조이다.

(22) 이헌응 묘: 검상동 115-2번지이다.

(23) 우공로 묘: 탄천면 송학리 산70-1번지이다.

(24) 유재홍 조부 묘: 공주시 학룡면 소학동 막골로 강육 유씨로 성균관생원을 했다.

(25) 윤증 묘: 계룡면 향지리 산11-11번지로 고택이 있다.

(26) 윤원거 묘: 계룡면 유평리 산6-1번지에 있다. 윤전의 묘도 있다.

(27) 영규 대사 묘: 계룡면 유평리 산5번지이다.

(28) 정광문 묘: 사곡면 호계리 514번지이다.

(29) 정운찬 생가: 탄천면 덕지리 409번지이다.

(30) 충현서원: 반포면 공암리 381번지이다.

(31) 한화갑의 선고비 묘: 유구읍 명곡리 497번지이다.

3. 당진시-14개소

(1) 구예: 당진시 송악읍 가교리 산63번지 신암사 부근으로 능성 구씨이며 시조는 검교장군이다. 4세손으로 고려 판전의사로

후손은 LG그룹 구본무이다.

(2) 김대건 생가: 우강면 송산리 115번지이다.

(3) 남이흥: 당진시 대호지면 도이1리 산120-4번지 군도로 도이리 산을 넘으면 남씨들의 집성촌이다. 의령 남씨로 인조 때 경상병사 포도대장을 했다.

(4) 면천향교: 면천면 성상리 513번지이다.

(5) 복지겸: 당진시 순성면 양유리 산54-1번지로 면천 복씨이다. 고려 태조 때 마군장군 개국공신이다.

(6) 송익필: 당진시 송산면 원당리 144번지로 여산 송씨이다. 선조 때 학자 문인이며 성리학 예학을 했다.

(7) 선암사: 송악읍 가교1리 529번지이다.

(8) 심훈 고택: 당진시 송악읍 부곡리 251-12번지로 청송 심씨이다. 고종 때 소설가이다.

(9) 이안눌 묘: 정미면 사관리 304번지이다.

(10) 이양원 묘: 대호지면 송전리 390-7번지이다.

(11) 이의무: 당진시 송산면 도문리 431번지 능안 마을로 덕수 이씨이다. 과거 급제자 100명, 정승 7명, 대제학 6명, 공신 4명이다.

(12) 이흠석 묘: 송악읍 가교1리 선암사 앞에 있다. 양천 허씨도 있다.

(13) 인당: 당진시 면천면 죽동1리로 교동 인씨이다. 고려 태조 때 밀직사, 참지정사, 석성부원군을 했다.

(14) 한갑동 가옥: 우강면 원치리 145번지이다.

4. 보령시 – 7개소

(1) 김극성: 보령시 청소면 재정리로 광주 김씨이다. 중종 때 이조 판서, 우의정을 했다.

(2) 김성우: 보령시 청라면 나원리로 광산 김씨이다. 고려 공양왕 때 충신 장군을 했다.

(3) 김좌진: 보령군 청소면 재정리 산50번지 능적골로 안동 김씨 이다. 고종 때 독립운동가이며 장군이다.

(4) 민치록: 보령시 주포면 관산리로 여흥 민씨이다. 고종이 장인 으로 첨정, 영의정을 했다. 명성왕후의 친부이다.

(5) 이지함: 보령시 주포면 고정리 산27번지로 한산 이씨이다. 선 조 때 포천 아산 현감, 이조판서를 했다.

(6) 채극철: 보령시 청소면 재정리 능적골로 인천 채씨이다. 명종 때 선비로 숭정처사이다.

(7) 채진후: 보령시 청라면 의평리 가재울로 평강 채씨이다. 정조 때 병마절제사를 했다.

5. 아산시 – 13개소

(1) 김병학 묘: 권곡동 403 – 1번지이다. 온양민속박물관 뒷산이다. 김병국, 김문근, 김수근의 묘도 있다.

(2) 김옥균: 아산시 음봉면 아산리 현충사 충무공 묘 부근이다. 안 동 김씨로 고종 때 호조참판, 대제학을 하였다.

(3) 김질 묘: 도고면 도산리 385번지로 뒷산이다.

(4) 나합 묘: 아산시 염치면 대동리로 현충사 부근이다. 철종 때 영의정 김좌근의 소실이다.

(5) 맹사성 생가: 아산시 배방읍 중리 300번지로 신창 맹씨이다. 세종 때 좌·우의정 청백리이다.

(6) 신계영: 아산시 대술면 송악리로 영산 신씨이다. 광해군 때 검열, 종사관 판중추부사를 했다.

(7) 성준경 가옥: 도고면 시전리 528번지이다.

(8) 쌍둥이 마을: 음봉면 산동리 427-1번지 삼일아파트이다. 40여명의 쌍둥이가 탄생되었다.

(9) 이순신 묘: 아산시 음봉면 삼거리 산2-1번지 덕수 이씨 선영이다. 선조 때 전라절도사, 수군통제사를 했다. 이소는 이순신 장군의 6대조로 북한 개성군 중면 덕수리에서 임진왜란 때 대승했다.

(10) 윤보선 대통령 선영: 아산시 음봉면 동천리 산34-2번지이다. 해평 윤씨로 윤보선 대통령의 고조부 윤득실이다. 후손은 윤보선, 윤웅열, 윤치오 등이다. 증조부 윤웅렬은 둔포면 석곡리에 있다.

(11) 윤보선 생가: 아산시 둔포면 신항리 143번지로 새말이다. 해평 윤씨로 상해 임시정부 독립운동 서울시장 민의원 민주당, 대통령을 했다. 윤씨 일가 집성촌이다.

(12) 홍가신: 아산시 염치면 대동리 뒷산(만정당, 묘)으로 남양 홍
　　　씨이다. 선조 때 판결사, 형조판서를 했다.
(13) 현충사: 아산시 염치면 백암리 방화산 기슭이다.

6. 서산시-6개소

(1) 정충신: 서산시 지곡면 대요리 방앗간 옆에 표지판이 있다. 나
　　　주 정씨로 인조 때 포도대장, 경상감사를 했다.
(2) 반월형: 서산시 안면읍 반월형 집터가 있다. 와혈이다.
(3) 순교성지: 서산시 해미면 읍내리 274-22번지로 천주교 박해
　　　를 받은 곳이다. 철종 때 천주교 신자 천여 명이 생매장됐다.
(4) 김기현 가옥: 서산시 음암면 유계리로 한옥이다.
(5) 태실: 서산시 운산면 태봉리 안다리 마을로 명종의 태실(중종
　　　2남)이다.
(6) 김두징: 서산시 인지면 남정리 산106-5번지로 효종 때 이조참
　　　판을 했다. 조부 김홍욱은 유배되어 벼슬을 버리고 학문에 정진
　　　했다.

7. 논산시-17개소

(1) 김계휘: 논산시 연산면 고정리 13-1번지로 광산 김씨이다. 김
　　　장생의 부로 명종 때 동부승지, 대사헌, 가선대부 관찰사를 했다.

(2) 김장생: 논산시 연산면 고정리 산7-4번지로 광산 김씨이다. 인조 때 형조참판 후 영의정을 했다.

(3) 김집: 논산시 벌곡면 양산리 산35－3번지로 광산 김씨이다. 효
　　종 때 이조판서, 판중추부사를 했으며 김장생의 아들이다.

(4) 금곡서원: 연무읍 금곡리 286번지이다.

(5) 견훤 왕릉: 논산시 연무읍 금곡리 산18-1번지로 성은 이씨이다.
신라 아자개의 아들이다.

(6) 계백: 논산시 부적면 신풍리 산4-1번지이다.

(7) 도깨비 터: 논산시 두마면 엄사리 음절 마을이다.

(8) 돈암서원: 논산시 연산면 임리 74번지이다.

(9) 박훈 묘: 상월면 학당리 368번지이다. 함양 박씨이다.

(10) 선충사: 논산시 은진면 방축리로 고령 김씨이다. 김준영을 모신 사당이다.

(11) 성삼문 묘: 논산시 가야곡면 양촌리 산58번지로 항녕 성씨이다. 세조 때 승지, 집현전 학자로 사육신이다.

(12) 이인제 생가: 논산군 연산면 솔뫼 마을로 청룡 끝집이다. 전주 이씨로 판사, 국회의원, 노동부장관, 경기도지사를 했다. 부친 묘는 논산군 연산면 어은리 양지뜸 마을 선영으로 청룡 끝에 있다.

(13) 임수택 가옥: 연산면 오산리 117－3번지이다.

(14) 윤돈 생가: 논산시 노성면으로 파평 윤씨이다. 선조 때 직제학, 대사간, 감사대사헌 공조판서, 공주목사를 했다. 우의정을 한 윤증은 고조부이다.

(15) 윤황 고택: 노성면 장구리 52번지이다.

(16) 윤창세: 논산시 노성면 병사리로 승정원 벼슬을 했다.

(17) 죽림서원: 강경읍 황산리 95번지이다.

8. 계룡시－2개소

(1) 김국광: 계룡시 두마면 왕대리 281번지로 광산 김씨이다. 성종 때 병조판서, 우의정, 좌의정을 했다.

(2) 괴목정: 계룡시 용동리로 태조 때 공신이다.

9. 금산군－7개소

(1) 700의 총: 임진왜란 때 무덤이다.

(2) 고경명: 금산군 금성면 양전리 산70번지로 장흥 고씨이다. 선

조 때 의병장, 동래부사 후 좌찬성을 했다.

(3) 육백고지 전승기념탑: 남이면 건천리 산1번지로 6·25 때 공비를 토벌했다.

(4) 일타홍: 금산군 금산읍으로 선조 때 건달 심희수(우의정)를 정승으로 만들었다.

(5) 용호석: 금산군 제원면 천내1리로 제원대교에서 보인다. 고려 공민왕 때 노국공주가 점지했다.

(6) 조헌: 금산군 안남면 도농리로 백천 조씨이다. 선조 때 옥천 의병장을 했다.

(7) 태실: 금산군 추부면 마전리 108번지로 태조 이성계의 태 무덤이다.

10. 부여군 - 19개소

(1) 김거익 묘: 부여읍 중정리 76번지이다.

(2) 김시습: 부여군 외산면 무량사 경내 부도로 강릉 김씨이다. 성종 때 이조판서, 단종 폐위에 대한 불만 학문으로 소일했다.

(3) 능산리 고분군: 부여군 부여읍 능산리 산15번지에 있다.

(4) 동곡서원: 세도면 동사리 622번지이다.

(5) 류광민 묘: 세도면 청포리 726번지로 겸혈이다.

(6) 매화낙지형: 부여군 은산면 곡부로 곡부 서당 뒷산이다. 매화가 지는 모양이다.

(7) 박휘 묘: 부여읍 신정리 21번지이다.

(8) 이민철 묘: 규암면 오수리 산22-8번지이다.

(9) 이정우 가옥: 홍산면 북촌리 183-1번지이다.

(10) 유금필 묘: 임천면 군사리 산1-1번지이다.

(11) 윤집: 부여군 내산면 온해리 마을 끝 집으로 남원 윤씨이다. 인조 때 교리 후 영의정을 했다.

(12) 조신 묘: 부여군 장암면 점상리 산168-1번지로 풍양 조씨이다. 고려 충신왕 때 준양도 금부사를 했으며 무학대사가 소점했다.

(13) 정흥인 묘: 부여읍 능산리 산30-11번지이다. 정인지의 부친이다. 정득열의 묘도 있다.

(14) 창강서원: 부여읍 지석리 73-2번지이다.

(15) 칠산서원: 임천면 칠산리 384번지이다.

(16) 홍윤성 묘: 은산면 경둔리 산56-1번지이다.

(17) 황우석 생가: 부여군 은산면 홍산2리 416번지로 창원 황씨이다. 서울대 교수 박사, 줄기세포를 연구했다.

(18) 황일호 묘: 부여읍 가증리 산12번지이다.

(19) 황진 묘: 부여읍 용정리 산18-15번지이다.

11. 서천군-5개소

(1) 이곡: 서천군 한산면 지현리 문헌서원으로 한산 이씨이다. 고려 때 경학의 대가로 부는 이자성이고 자는 이색이다.

(2) 이상재: 서천군 한산면 종지리 263-4번지로 한산 이씨이다. 독립운동가로 부는 이의택이고 모는 밀양 박씨이다. 생가는 초가집이다.

(3) 이색: 서천군 기산면 영모리로 한산 이씨이다. 고려 말 공민왕

때 판문하부사, 예문하부사, 예문춘추관사를 했다.

(4) 이윤경: 서천군 한산면 지현리 면사무소 옆으로 한산 이씨의 시조이다. 고려 성종 때 호장으로 관가의 대청마루 밑에 암매장했다. 후손은 재상이 4명, 대재학 3명, 청백리 6명, 공신이 12명이 나고 급재자가 198명이 났다.

(5) 이하복: 서천군 기산면 신산리로 한산 이씨이다. 이색의 18세손으로 부는 이병식으로 중추원 의관을, 아들 이형규는 완공을 했다.

12. 청양군 - 4개소

(1) 방기옥 고택: 청양군 남양면 봉암리 150번지로 조선 철종 때 양반 가옥이다.

(2) 이해찬: 청양군 대치면 주정2리로 입구에 선산이 있다. 국회의원, 교육부장관, 열린우리동 대표, 국무총리를 했다.

(3) 이효원: 청원군 청양읍 장승리 73-10번지로 함평 이씨의 중시조로 아들은 이관이다. 선조 때 유배됐다.

(4) 임정식: 청양군 정산면 백골리 311번지로 칠백 의사의 묘 옆이다. 선조 때 의병장을 했다.

13. 홍성군 - 5개소

(1) 김좌진: 홍성군 갈산면 행산리로 고종 때 장군이다. 학교 고아원 장학회 설립, 한성신보 이사장으로 독립운동을 했다.

(2) 민종석: 홍성군 홍성읍 대교리 124-2번지로 의병장을 했고 (홍성)일본군을 격퇴했으며 순절했다.

(3) 박성민: 홍성군 홍성읍 오관리로 복권방 로또 복권 1등 당첨을 5번 했으며 주인집은 우측의 양택이다.

(4) 성삼문: 홍성군 홍복면 노은리로 창녕 성씨이다. 세조 때 승지, 사육신으로 묘가 3군데 있다. 사육신묘, 논산묘, 홍성묘이다.

(5) 한용운: 홍성군 결성면 성곡리로 청주 한씨이다. 고종 때 독립운동 3·1만세 운동 등 33인이다.

14. 예산군-44개소

(1) 강민첨: 대술면 이티리 산34번지이다.

(2) 김노경: 예산군 신암면 용궁리로 추사 김정희의 고조부이다.

(3) 김상려 묘: 신암면 오산리 산424-1번지이다.

(4) 김종필: 예산군 신양면 하천리 70번지 산막마을로 선고비의 묘지이다. 국회의원, 국무총리, 당대표를 했다.

(5) 김정희 고택: 예산군 신암면 용궁리 799-2번지로 경주 김씨이다. 철종 때 병조판서, 고증학자, 금석학자, 서도가이다.

(6) 김한식: 예산군 신암면 용궁리로 추사 김정희의 증조부로 화순옹주와 합장했다.

(7) 김흥경 묘: 신암면 용궁리 73-28번지이다.

(8) 남연군 이구: 예산군 덕산면 상가리로 전주 이씨이다. 흥선대원군 이하응의 부이다. 2대 천하지지이다(고종과 순종). 8대 명당이라고도 한다.

(9) 도응 묘: 응봉면 지석리 산141−4번지로 쌍유혈이다. 이현의 묘도 있다.

(10) 도흥 묘: 대술면 이치리 산34번지이다.

(11) 박기성 고택: 대흥면 하탄방리 102번지이다.

(12) 박안행: 신암면 용궁리 산357−19번지이다.

(13) 박종성 묘: 신양면 서계양리 726번지이다.

(14) 박제 묘: 예산읍 간양리 81−1번지에 있다.

(15) 박헌영: 예산군 신양면 죽전2리로 북한에서 처형됐다.

(16) 박현성, 박천성 묘: 대흥면 탄방리 산43−1번지이다.

(17) 신계영 묘: 대술면 송석리 98−8번지이다. 신경유, 신최언의 묘가 있다.

(18) 신용호: 예산군 덕산면 대치리 산45−3번지로 본인의 묘이다. 거창 신씨로 북경대학, 교보생명 창업자, 대산기념사업회를 조직했다.

(19) 서한: 예산군 대흥면 하탄방리 산15−2번지로 달성 서씨이다. 고려 때 판도판서 달성군에 봉해졌다. 고려 때 군기 소윤이다.

(20) 손석우: 예산군 덕산면 상가리 산5번지로 남연군 묘지 뒤쪽 이다.

(21) 이남규 고택: 대술면 상항리 335번지이다.

(22) 이산해: 예산군 대솔면 방산리로 이덕형이 점지했다. 한산 이씨로 중종 때 영돈령부사, 영의정을 했다. 토정 이지함의 손녀사위가 이덕형이다.

(23) 이억 장군 묘: 봉산면 금치리 산110−6번지이다.

(24) 이익 묘: 대흥면 갈신리 373번지이다.

(25) 이의배 묘: 봉산면 봉림리 산5－1번지이다.

(26) 이양성 묘: 대술면 시신리 195－10번지이다.

(27) 이지함: 예산군 대술면 방산리 양지마로 다리 건너 마을 안쪽으로 한산 이씨이며 명종 때 복서, 의약, 천문, 지리, 역서, 음양술서 도참서 등에 능했다.

(28) 이창응 묘: 덕산면 옥계리 153－13번지이다. 흥선대원군의 아들이다.

(29) 이한직 가옥: 대흥면 동서리 139번지이다.

(30) 이희손 묘: 응봉면 평촌리 75번지이다.

(31) 이회창: 예산읍 산정리 산111－5번지로 전주 이씨이다. 판사, 국회의원, 감사원장, 국무총리, 대통령에 출마했다. 조모 묘는 대흥면 손지리에 있다. 이홍규－부모, 조부모, 증조부모, 고조부모, 5대 조부모는 예산군 신양면 녹문리 산13－4번지에 있다. 우계당 마을 뒷산이다. 부친 묘는 산정리서 이장하고 조모는 예산군 대흥면 손지리에서 이장했다.

(32) 이효영 묘: 대술면 이티리 353－4번지이다.

(33) 윤봉길: 예산군 덕산면 사량리 178번지로 고종 때 중국 홀구공원 상해사변 축하연에 폭탄을 투척하여 사형됐다.

(34) 예산향교: 예산읍 향천리 132－1번지이다.

(35) 조계, 조강 묘: 응봉면 운곡리 270번지이다.

(36) 조익: 예산군 신양면 신양리 산33－1번지로 풍양 조씨이다. 선조 때 좌의정을 했다.

(37) 조태로 묘: 대흥면 갈신리 373번지이다.

(38) 전시원 묘: 덕산면 사천리 산23－1번지이다.

(39) 정제 묘: 예산읍 신례원 2리 50-5번지이다.

(40) 정대영 가옥: 봉산면 봉림리 255번지이다.

(41) 최길 묘: 광시면 마사리 298-3번지이다.

(42) 최명현 묘: 광시면 하장대리 산4번지이다.

(43) 최익현: 예산군 광시면 관음리 산21-1번지로 고종 때 공조
판서, 관찰사 의정부찬성을 했다.

(44) 화순옹주: 예산군 신암면 용궁리로 추사 선생의 증조부모이다.

15. 태안군-3개소

(1) 가유약: 태안군 남면 양잠리 338번지로 소주 가씨이다. 선조
때 중국 소주인이다.

(2) 이종일: 태안군 원북면 반계리 고택이다. 고종 때 독립운동으
로 투옥됐다. 기미독립선언 33인 중 한 분이다.

(3) 전우: 태안군 근흥면 안기리 922번지로 담양 전씨이다. 고종
때 순흥부사, 성리학자이다.

전라북도

전라북도는 13개 시군구에 150개소에 해당하는 관산지를 보유하고 있는 도시이다. 전라도는 여러 가지의 풍수 형국이 있다.[19]

1. 전주시-9개소

(1) 김태서: 전주시 완산군 구이면 원기리 상학 마을로 전주 김씨 중시조이다. 고려 고종 때 추밀원부사, 상장군, 문화시랑 대제학이며 김일성의 32대조이다. 아들은 약선으로 무신이며 손은 혼으로 문신이다. 이 자리는 5악과 3성이 있는 자리이다.

(2) 경기전: 전주시 완산구 풍남동으로 전주 이씨이다. 태종 태조 때 어진 봉안하였다.

(3) 관성묘: 전주시 완산구 동서학동 2가 613번지로 만경대 남동쪽 고종 관운장으로 제갈공명 영전이 봉안되어 있다.

(4) 도시혈: 전주시에서 남원 방향으로 2km 진행하면 상관면 소재지에 있다. 토양 포행(soil creeping)으로 전주와 소나무, 교각 등이 기우러져 있다.

(5) 백낙중: 전주시 완산구 교동 105번지로 고종 때 소모관 승훈

---

19) 장익호, 『유산록』, p.9.

랑, 효자로 만석꾼의 집이다.

(6) 이방간: 전주시 덕진구 금상동으로 전주 이씨이다. 희안대군으로 태조의 4남이다. 5남 방원과 다투었다.

(7) 조경묘: 전주시 완산구 풍남동 경기전 뒤로 전주 이씨 시조이다. 영조 때 이한의 위패가 봉안되어 있다. 태조 21대조이다.

(8) 최명희: 전주시 덕진동 덕암리로 혼불 문학공원에 표지판이 있다. 전북대학교가 내려 보이는 곳이다.

(9) 한옥마을: 전주시 구이동 전주시청에서 남원 방향에 있다. 전통 한옥 밀집 지역으로 800여 채가 있다.

2. 군산시―5개소

(1) 고건: 군산시 옥구군 임피면 월하리 671번지로 제주 고씨이다. 국회의원, 서울시장, 장관, 부총리, 대학총장을 했다. 조부, 증조부묘가 영묘제에 있고 부친인 고형곤의 생가가 있다.

(2) 이영춘: 군산시 개정동으로 국내 박사 1호이다. 한국 슈바이처 미터법을 적용하였다.

(3) 오성현 묘: 군산시 성산면 금광동으로 나당 연합군의 침입 항거로 죽음을 마쳤다.

(4) 채만식: 군산시 임피면 대성중학교 앞에 묘가 있다. 평강 채씨로 일제 때 소설가, 극작가, 언론인으로, 와세다 대학을 나왔다.

(5) 최호: 군산시 충의사 부근으로 경주 최씨이다. 선조 때 병마절도사, 병마수군 절도사를 했다.

3. 익산시—12개소

(1) 남궁찬: 익산시 성당면 갈산리 산70번지로 열남 궁씨이다. 성종 때 전라·함경 관찰사, 대제학, 이조판서를 했다.

(2) 심연: 익산시 함열읍 남당리 산64—1번지로 청송 심씨이다. 1세가 심흥부, 2세가 심연으로 선조 때 한성부판윤, 인조 때 관찰사를 했다.

(3) 소세양: 익산시 왕궁면 용화리 산33번지로 진주 소씨이다. 명종 때 직제학, 승지, 관찰사, 대제학, 판중추부사, 좌찬성을 했다. 소자파는 소세양의 부로 중종 때 가선대부, 이조참판, 숭록대부 좌찬성, 의금부사를 했다. 소세랑, 소세온 등의 묘가 있다.

(4) 송영구: 익산시 왕궁면 장암리로 진천 송씨이다. 광해군 때 임진왜란 좌부승지, 대사간, 관찰사, 선조 때 성절사를 했다.

(5) 송유익 묘: 익산군 여산면 호산리 산7—1번지로 여산 송씨의 시조묘이다. 고려 진사 여산군, 추밀원부사를 했다. 후손은 좌의정 7명, 공신 11명, 청백리를 했고 동생 송천익은 은진 송씨의 시조가 되며 송문익은 서산 송씨의 시조로 송상현은 충열공, 송익필은 예학자, 송방용, 송요찬, 송지영, 송호림, 송정범 등의 후손이 있다.

(6) 유계 선생의 묘: 성당면 와초리 산96—1번지이다.

(7) 익산 쌍릉: 익산시 금마면 서고도리 산52—2번지로 오금산 백제 토성이다. 백제 굴식돌방 무덤으로 대왕묘와 소왕묘가 있다. 선화 공주의 무덤이 있다.

(8) 이병기 생가: 여산면 원수리 573－3번지이다.

(9) 이완용: 익산시 낭산면 내산동 내장 부락으로 우봉 이씨로 파묘지이다. 광무시 궁내부 특진관, 학부대신을 했다.

(10) 이병기 생가: 익산시 여산면 원수리 573번지로 지방 기념물이다. 문교부 편수관, 국문학자, 교수이다.

(11) 오강서원: 익산시 팔봉면 석암리로 김녕 김씨이다. 김악소(가선대부 불망비)와 김형규(효행각비)가 있다.

(12) 여산향교: 여산면 여산리 101－1번지이다.

4. 정읍시－9개소

(1) 단군성전: 정읍시 상평동 하모 마을 392－1번지에 있다.

(2) 무성서원: 정읍시 칠보면 무성리 은석 마을에 있다. 최치원을 모신 사당이다.

(3) 박준승: 정읍시 장명동 유산 1번지로 고종 때 독립운동가였다. 동학운동에 참가했으며 3·1운동 33인 중 한 사람이다.

(4) 송대관: 정읍시 태인면 소재지로 오리 경로당 뒷집이며 지금은 박씨가 거주한다. 트로트 가수이다.

(5) 송시열: 정읍시 하모리 모촌 고암서원으로 숙종 때 제주도로 귀양을 갔다.

(6) 영천군: 정읍시 칠보면 백암리 영암재에 있고 세종 효령대군의 5남 소덕이다.

(7) 정극인: 정읍시 칠보면 무성리 은석 마을로 영광 정씨이다. 성종 때 정언이었으며, 단종 사건 후 후학을 지도했고, 예조판서를 했다.

(8) 차천자: 정읍시 삼산동 신구 마을 좌측이다. 증산교 교주 강증산과 같은 교주이다. 정읍시 입안면 대흥리에 집자리가 있다.

(9) 태인 향교: 정읍시 태인면에 소재한다.

5. 남원시-21개소

(1) 김희 묘: 향교동 용정마을에 있다.

(2) 관왕묘: 남원시 왕정동 51번지로 선조 때 삼국시대 영웅 관운
장 모신 사당이다.

(3) 노사희 묘: 금지면 옹정리 109-6번지이다.

(4) 남원향교: 향교동 512번지에 있다.

(5) 만인의총: 남원시 향교동 628번지로 선조 때 정유재란(임진왜
란-남원성 사수 실패) 민·관·군 만 명의 무덤이다.

(6) 박창규: 남원시 주천면 덕치리 387번지로 1895년 조선시대 일
반 가옥으로 조화된다.

(7) 박춘보: 남원시 아영면 성리로 상성마을이다. 흥부마을은 생가
이다. 밀양 박씨로 흥부 묘는 연소혈이다.

(8) 방구정 묘: 남원시 주생면 영천리 산26-1번지에 있으며 영천

리 538번지에는 주남공의 묘가 있다.

(9) 범실 마을: 남원시 주천면 호곡리 범실마을이다. 비보적인 마을이다. 호랑이, 개, 사자가 있는 산이다.

(10) 송산재: 남원시 사매면 대신리로 진주 형씨이다. 중종 때 형기는 안절교위를, 형호는 성균관 생원을 했다.

(11) 임세미 묘: 아양면 성리로 조양 임씨이다.

(12) 영 박사: 남원시 인월면 둥군리로 동네 안쪽이다. 풍수지사모의 묘지이다.

(13) 양주은 묘: 남원시 수지면 산정리 109번지이다.

(14) 용담사: 남원시 주천면 용담리로 7층 석탑이 있다.

(15) 장윤승: 남원시 신원동으로 홍성 장씨이다. 태조 때 사헌부감찰을 하고 그 후 벼슬을 사양했다.

(16) 장윤신: 남원시 수지면 남창 속산으로 홍성 장씨이다. 문종 때 현감, 첨절제사를 했다.

(17) 조경남: 남원시 이백면 초동리로 한양 조씨이다. 선조 임진왜란 때 의병장을 했다.

(18) 천만리 묘: 남원기 금지면 방촌리로 영양 천씨이다.

(19) 춘향묘: 남원시 주천면 호경리로 이몽룡과 사랑을 나눈 사람이다.

(20) 환봉서원: 남원시 금지면 방촌리 1092번지로 1091번지에 환봉사가 있다.

(21) 황균비: 남원시 대강면 풍산리 산촌 마을 뒷산이다. 장수 황씨로 1세는 황석부, 2세는 황균비, 3세는 황군서, 4세는 황희이다.

6. 김제시-4개소

(1) 손효성: 김제시 신풍동 도정공장 안채로 고종 때 근대적 가옥으로 1939년에 건립했다.

(2) 안위: 김제시 백산면 조중리 산4-5번지로 순흥 안씨이다. 중종 때 변방 군사통제 병조판서, 문성공으로 안유의 후손이다.

(3) 이석정: 김제시 백산면 이정직(철학 대가)이 살았던 곳으로 헌종 때 중국 사신으로 성리학, 정주학, 양명학, 어음학, 천연학, 술수학을 연구했다. 생가는 150년 전에 건립했다.

(4) 황병주: 김제시 죽산면 종신리 72-1번지로 고종 때 전통가옥이며 일본식 양옥 2층 혼합 집이다.

7. 완주군-15개소

(1) 국만녕 묘: 비봉면 수선리 510번지이다.

(2) 고흥유 묘: 비봉면 내월리 산49-11번지로 우주 황씨이다.

(3) 김태서: 완주군 구이면 원기리 도립공원으로 전주 김씨 시조 묘이다. 신라 경순왕의 4남인 대안군, 김은설의 7대손으로 김태서는 고려 고종 때 상장군으로 이부상서를 했다.

(4) 모악산: 완주군 구이면 모악산에 모인 氣를 받으면 건강 다산
한다고 말한다.

(5) 류습 묘: 고산면 율곡리 산543번지로 전주 류씨 시조이다.

(6) 박침: 완주군 용진면 간중리로 밀양 박씨로 고려 공민왕 때 전
의전사, 조선 태조 때 두문동 72현으로 8대 명당이라고도 한다.

(7) 소씨 시조: 완주군 이서면 명당리 산정 마을로 발산 소씨이다.
시조로 노승이 봉우리를 허물라는 명당이다.

(8) 송영구: 완주군 봉동읍 제내리 산2번지로 진천 송씨이다. 선조
때 서장관 종사관을 했다. 송홍시, 송억수, 송광, 송선문, 송세
웅, 송영, 송최 등의 묘가 있다.

(9) 태실: 완주군 구이면 태실 마을 뒷산으로 예종의 태실이다.

(10) 추수경: 완주군 봉동읍 은하리 산103번지로 추계 추씨이다.
선조 때 명나라 신종 장군이다.

(11) 최아: 완주군 소양면 죽정리 산198번지로 전주 최씨이다. 시
조로 고려 평장사, 완산군으로 봉해졌다.

(12) 최용각: 완주군 동상면 대아리 산46번지로 전주 최씨 시조이
다. 최철의 묘도 있다. 후손이 급제자가 109명, 대제학 2명,
청백리 5명이다. 고려 충숙왕 때 대제학, 검교대장군을 했다.

(13) 희안대군: 완주군 용진면 금상리로 현재는 전주 덕진구 금상
동으로 태종이 지맥을 끊었다.

(14) 황민보: 완주군 비봉면 내월리로 우주 황씨이다. 태조 때 종
사관 원종공신이다.

(15) 황문용 묘: 비봉면 내월리 70번지이다.

8. 진안군 – 4개소

(1) 거북바위: 진안군 진안읍 큰 도로변의 석돌 바위로 동래 정씨
소유이다. 30여 년 전 쓰고 명당 발복이 시작되었다고 한다.

(2) 이갑용: 진안군 마령면 동촌리로 풍수 학자이다.

(3) 이산묘: 진안군 마령면 동촌리 78–2번지로 마이산 사당으로
이태조 제향이다.

(4) 전영표: 진안군 마령면 강정리 248–1번지로 고종 때 농촌 민
간목수 2층집이다. 1924년 동남향으로 건축했다.

9. 무주군 – 3개소

(1) 김신: 무주군 안성면 공진리로 금산 김씨의 시조이다. 고려시
대 김지는 좌사간, 조선 태종 때 예조참판을 했다.

(2) 사고지: 무주군 적상면 북창리 산117–5번지로 조선왕조실록

을 보관했던 자리이다.

(3) 칠연의총: 무주군 안성면 공정리 산6번지로 의병장 외 150여 명의 무덤이 있다.

10. 장수군 – 4개소

(1) 뜬봉 샘: 장수군 장수읍 수분리 수남초등학교 수분분교에 자연 샘인 마을우물 물이 있다.

(2) 백관: 장수군 장계면 금덕리 호덕 마을로 고려 공민왕 때 문신으로 대제학을 하고 조선 태종 때는 관직을 거절했다.

(3) 주논개: 장수군 장계면 대곡리 주촌 마을로 선조 때 기생으로 임진왜란 시 진주 남강에 왜장과 함께 익사했다. 생가는 장수읍 장수리에 있다.

(4) 장재영: 장수군 변암면 노단리 1095 – 1번지로 조선 철종 1856년에 건립했다.

11. 임실군 – 9개소

(1) 김복규: 임실군 임실읍 정월리 당목 마을로 시묘살이를 한 곳이다.

(2) 김위: 임실군 삼계면 산수리 234번지로 연안 김씨이다. 선조 때 한성부 판운, 예조판서, 오위도총부도총관을 했다.

(3) 김창하: 임실군 북흥면 반월리 자포 마을로 울산 김씨이다. 중시조로 통정대부를 하고 김성수의 9대조이다.

(4) 개구리 바위: 임실군 성수면 삼봉리로 도로변에 있는 바위이다. 남원 양씨로 선조 묘지이다.

(5) 박사마을: 임실군 삼계면 봉현리 숙호 마을로 면내 고시 박사가 100여 명으로 청주 한씨, 광산 김씨, 최씨 3성씨가 많이 배출됐다.

(6) 밭두렁 명당: 임실군 오수면 내동 마을 뒷산으로 묘지 뒤의 바위 두 개가 쥐의 귀 형상이다.

(7) 이강국: 임실군 오수면 용정리로 부장판사, 대전지법원장, 대법관, 헌법재판소장을 했다.

(8) 이석용: 임실군 성수면 삼봉리 소충사 위쪽에 묘지가 있으며 전주 이씨이다. 선조 때 의병장군으로 소충사 뒤에 28인의 묘소가 있고 그 뒤에 장군의 묘가 있다. 생가는 들판 건너편 문성 넘어 동네에 있다.

(9) 자갈밭 명당: 임실군 강진면 갈담리 상필 마을로 괴혈이다. 묘지 앞뒤가 바위로 자손이 번창하였다.

12. 순창군-19개소

(1) 기정진: 순창군 복흥면 대방리로 장성쪽으로 고종 때 호조판서, 성리학자이다. 8대 명당으로 알려져 있다.

(2) 김극뉴: 순창군 인계면 마흘리로 용마 초등학교 뒤에 있다. 광산 김씨로 말 명당이라고도 한다. 4대손 김장생이 있고 세조 때 예조참판을 했다. 8대 명당이라고 한다.

(3) 김병로: 순창군 복흥면 하리로 생가는 쌍치면 상송 마을이며

울산 김씨이다. 초대 대법원장, 법학자, 변호사를 했다.

(4) 김성수: 순창군 쌍치면 보평리로 금평교를 지나 있으며 울산
   김씨이다. 국무총리, 부통령을 했다.

(5) 김창하: 순창군 복흥면 반월리 자포 마을로 김성수의 9대로 중
   시조이다. 묘지는 순창군 쌍치면 보평 마을 뒷산에 있다.

(6) 남원 양씨 할머니 묘: 적성면 내월리 522번지이다.

(7) 논두렁 명당: 순창군 동계면 신흥마을로 입구가 뱀 대가리 형
    상이다.

(8) 매미명당: 순창군 적성면 임동마을로 이화중선의 명창과 박복
    남의 소리꾼이 있다.

(9) 부자마을: 순창군 동계면 부자 마을로 고관 박사는 적으나 부
    자들의 집단마을이다.

(10) 복실마을: 순창군 순창읍 복실리이다.

(11) 윤상채: 순창군 동계면 신흥 마을로 남원 윤씨이다. 어린 뱀
    이 세상을 나온다는 논두렁 명당이다.

(12) 여근목: 순창군 태인면 화문산 휴양림 능선에 무덤이 많다.
    화문산은 음기가 강한 터라 하여 남자가 죽는다고 한다.

(13) 용암기우제: 순창에서 임실 가는 방향에 용암 마을로 감투봉
    에서 부인들만 지낸다.

(14) 양석승: 순창군 동가리면 구미리 무량산 아래로 남원 양씨이다.

(15) 장경원: 순창군 동계면 수정리 뒷산으로 흥성 장씨이다. 성종
    때 사육신 사건 후 남원에 은둔했다.

(16) 정동영: 순창군 구리면 통안리로 국회의원, 통일부장관을 했
    고 8·9·11·12대 산소와 조부, 부 묘지가 있다.

(17) 조원길: 순창군 유등면 건곡리 산86-14번지 학촌마을 고개 넘
    어 뒷산에 있으며 옥천 조씨이다. 고려 때 옥천부원군을 했다.

(18) 황운석: 순창군 구림면 안정리 520번지로 황씨 집안 묘들이다.
    황욱, 황병덕 박사 등 후손이 있다.

(19) 회문산: 순창군 회문산 자연 휴양림 내 등산길에 무덤 능선이
    명당으로 소문이 자자하다.

13. 고창군-12개소

(1) 구연: 고창군 아산면 반암리 선동 부락 김성수 부근으로 능성 구씨이다. 고려 때 좌의정을 했다.

(2) 고인돌(무덤): 고창군 고창읍 죽림리 도산리 일대로 세계문화 유산으로 지정되어 있고 조상숭배의 사상이 들어 있다.

(3) 김성수 묘지: 고창군 아산면 반암리 호암 마을로 울산 김씨이다. 부통령을 했다.

(4) 김성수 생가: 고창군 부안면 봉암리 435번지로 인촌마을 민씨 묘 동쪽이다. 고창군 부안면 인촌리의 고택은 초가집이다.

(5) 김요협: 고창군 아산면 삼인리 도슬산 선운사 뒤로 울산 김씨 이다. 김성수 부통령과 친척이다.

(6) 김정희: 고창군 고창읍 도산리 151번지로 숙종 때 학자로 서 예가이며 양반가옥으로 김정희 고조가 건립했다.

(7) 서정주: 고창군 부안면 봉암리 437번지에 있다.

(8) 선운사: 고창군 아산면, 삼인리 500번지로 고승 검단이 창건하 고 중수됐다. 보물 등 문화재 20여 개가 있다.

(9) 신재효: 고창군 읍내리 453-2번지로 헌종 때 광대소리 여섯 마당을 정리했다. <춘향가>, <박타령>, <심청가>, <토끼 타령>, <적벽가>, <가루치기타령> 등이다.

(10) 영일 정씨: 고창군 흥덕면 반암리 호암마을로 도로에서 작은 고개 넘어 마을 뒤로 울산 김씨이다. 김성수의 조모이다.

(11) 진의종 선고비 묘: 고창군 무장면 신촌리 593번지에 있다.

(12) 행주형: 고창군 흥덕읍으로 집을 짓고도 기와를 못 올린다는

전설이 있고 우물을 파지 않는 곳이다. 평양, 청주, 공주, 무주, 하회 등 무거운 짐을 싣지 않는다고 한다.

14. 부안군-7개소

(1) 경지재: 부안군 변산면 운산리로 부안 김씨이다.

(2) 고희: 제주 고씨로 중종 때 임진왜란 선전관, 주부 영선군 후 호조판서를 했다.

(3) 고홍건: 부안군 하서면 청호리 132-2번지로 제주 고씨이다. 인조 때 도총관 지중추부사를 했다.

(4) 김명환: 부안군 변산면 지서리로 변산 해수욕장 뒤로 울산 김씨이다. 김성수가 증조부이다.

(5) 김상만: 부안군 졸포면 445번지로 울산 김씨이다. 김성수가 어릴 때 살던 곳이다. 김기중이 1907년 지은 집으로 사대부 양반 가옥이다.

(6) 김상협: 부안군 졸포면 줄포리로 울산 김씨이다. 김연수의 2남이고 백부가 인촌 김성수이다. 대학총장, 국무총리를 했다.

(7) 이매창: 부안군 부안읍 봉덕리 567번지로 선조 때 여류 시인으로 60여 수의 작품이 있다.

전라남도

전라도를 라학천은 사람의 인체에 비유하여 발(足)에 비유하였으며 동물로 보기에는 잔꾀가 많은 원숭이에 비유하였고, 성상으로는 사교경예(詐巧輕藝)에 비유하였으며 이중환은 전상교험(專尙狡險)이라 하였으며, 윤행임은 풍전세류(風前細柳)라 하였다.

전라남도는 22개 시군에 150여 개의 관산지를 보유하고 있는 도이다.

1. 목포시-2개소

(1) 이순신: 유달동 산20번지로 덕수 이씨이다. 선조 때 충무공 임진왜란 명량대첩을 승리로 수행했다.

(2) 이훈동 정원: 목포시 유달동 4-1번지로 일본인 내곡만평이 유달산에 정원을 했다.

2. 여수시-8개소

(1) 돌산향교: 돌산읍 군내리 304번지이다.

(2) 쌍둥이 마을: 여수시 소라면 현천리 증촌 부락으로 75가구 중 38가구가 쌍둥이로 주변의 쌍태를 보고 있다. 좌향이 다르다.

(3) 이순신 충민사: 여수시 덕충동 1260번지로 덕수 이씨이다. 선
    조 때 임전 승전을 기념했다.

(4) 윤형숙: 소라면 관기리 산80번지로 고종 때 의사로 3·1독립
    만세를 외치고 광주 대한독립만세 운동에 앞장섰다.

(5) 여수향교: 군자동 165번지이다.

(6) 영국군 묘지: 여수시 소라면 산80번지로 영국군 병사자 무덤
    이 있다.

(7) 황득중: 여수시 신월동으로 창원 황씨이다. 선조 때 임진왜란
    으로 훈련관관, 충무공 휘하 적탄에 순절로 무공일등공신이다.

(8) 향일암: 돌산읍 율림리 산7번지이다.

3. 순천시-11개소

(1) 김종익 묘: 해룡면 해창리 270-1번지로 순천대학 설립자이다.

(2) 낙안읍성: 순천시 낙안면 동내리 274번지로 3개 마을 199호
    808여 명이 거주했다.

(3) 낙안향교: 낙안면 교촌리 22번지이다.

(4) 서한모 고택: 옥천동 285-5번지이다.

(5) 소강남: 순천시 시내로 경찰서 뒤이다.

(6) 순천왜성: 순천시 해룡면 신성리로 정유재란 당시 육전에서
    퇴진한 고니시 유키나가가 전라 공격을 위해 쌓은 성이다.

(7) 순천향교: 금곡동 182번지이다.

(8) 이사치 묘: 승주읍 신전리 산147번지로 양성 이씨 중시조이다.

(9) 오공 명당: 주암면 주암리 217번지이다. 옥천 조씨로 입향조이다.

(10) 조공 묘: 주암면 주암리 산72-4번지이다.

(11) 조지산 묘: 주암면 주암리 산72-3번지이다. 조유의 묘가 있다.

4. 나주시-12개소

(1) 김자진 묘: 공산면 상방리 139번지이다.

(2) 나대용: 나주시 문평면 오룡리 472번지 생가에서 3km 지점에 묘소가 있다. 선조 임진왜란 때 장군으로 현감을 했고 거북선 설계도를 충무공에 제공했다.

(3) 나주향교: 교동리 32-1번지이다.

(4) 남평할매 곰탕 식당: 금계동 33-27번지이다.

(5) 박응주: 나주시 반남면 흥덕리 17번지로 반남 박씨 시조이다. 고려 때 호장공, 소모관, 승훈랑을 했다. 왕후가 2명, 빈이 1명, 정승이 7명, 판서가 25명, 대제학 2명, 공신 5명의 후손이 있다.

(6) 서상록: 나주시 봉황면 철천리 1209번지에 있으며 동신대학을 설립했고 기업가이다.

(7) 서운 묘: 봉황면 유곡리로 이천 서씨이다.

(8) 서효당 묘: 봉황면 각동 1리 산18-2번지이다.

(9) 임제: 나주시에서 목포 쪽 남도휴게소 끝자락이다. 나주 임씨로 선조 때 예조정량을 했고 임진이 부이다.

(10) 임탁: 나주시 문평면 옥당리 산62번지로 나주 임씨이다. 고려 말에서 조선 초 대장군을 했다.

(11) 월정서원: 나주시 조안면 금안1리 광곡 마을이다. 관리자가 풍산 홍씨이다.

(12) 최희량: 나주시 다시면 가흥리 369번지로 수원 최씨이다. 선조 임진왜란 때 현감, 선전관 후 병조판서를 했다.

5. 광양시 – 5개소

(1) 강희보: 광양시 봉강면 신룡리 500번지로 진주 강씨이다. 선조 임진왜란 때 의병장, 진주성 전사 후 형조좌랑을 했다.

(2) 강희열: 광양시 봉강면 신룡리 500번지로 진주 강씨이다. 강희보와 형제로 전라 산청 관아, 진주성 김천일 장군을 돕기도 했으며 전사 후 병조참의를 했다.

(3) 도선국사: 광양시 옥룡면 추산리로 추정되며 옥룡사에서 35년 동안 수행하여 제자가 많다.

(4) 정병욱 가옥: 광양시 진월면 망덕리로 양조장이다. 고종 때 국문학과 교수, 고전문학연구를 했다.

(5) 황현: 광양시 봉강면 석사리 서석 마을 성불사 쪽이다. 한일합방의 비통함을 느껴 음독자살했다. 장수 황씨로 고종 때 과거시험 부패를 분개했다.

6. 담양군 – 8개소

(1) 김용현: 담양군 봉산면 와우리 우측산으로 김해 김씨이다. 이회창 국무총리의 외증조부이며 자녀들이 국회의원, 의사, 공무원 등이다.

(2) 김흥광: 담양군 대전면 평장리로 광산 김씨 시조이다. 신라 말

왕자공 때 고려 평장사 8명을 배출했다.

(3) 기대승: 담양군 임곡동 광곡 마을로 행주 기씨이다. 중종 때 홍문관 우부승지, 대사성, 대사간을 했다.

(4) 고재선: 담양군 창평면 삼전리 165번지 고씨 집성촌으로 고종 1915년에 건립하였다.

(5) 박희중: 담양군 진원면 진원 박씨 8세손으로 고려 명종 때 대장군, 태종 때 호당 공신 청백리, 진원군, 예문관 후 병·이조 판서를 했고 호남 오현이다.

(6) 소쇄원: 담양군 남면 지곡리로 중종 때 양산보가 건립하였으며 송순, 고경명, 정철, 김인후, 임억령 등이 정치 학문 사상을 논한 곳이다.

(7) 송순: 담양군 봉산면 제월리 402번지로 면앙정이 있는 곳이다. 면앙정은 기념물 제6호로 신평 송씨이다. 선조 때 진사, 좌찬성을 했다.

(8) 정철: 담양군 고서면 원강리 274번지 영일 정씨로 선조 때 관찰사 우의정을 했다.

7. 곡성군 - 9개소

(1) 곡성향교: 곡성읍 교촌리 190번지이다.

(2) 곡성 반구정: 곡성읍 학정리 417번지이다.

(3) 군지촌 정사: 곡성군 입면 제월리 229번지로 조선 후기 건물이다. 아름답고 보기 좋은 양택이다.

(4) 도동 묘: 곡성군 오곡면 오지리 463번지로 숙종 때 안호와 안

향의 묘가 있다.

(5) 마천목: 곡성군 선곡면 방송리 83-1번지 화산서원으로 장흥 마씨이다. 고려 우왕 때 대장군, 세종 때 판우군부사, 목사 후 영의정을 했다.

(6) 이전 묘: 석곡면 연반리 294번지이다.

(7) 옥과향교: 옥과면 옥과리 14-1번지이다.

(8) 의마총: 곡성군 옥과면 합강리로 선조 때 유팽로 관직과 고경 명 의병장 추대로 금산 전투에서 전사했다.

(9) 정래혁 선영: 곡성읍 묘천리 341번지이다.

8. 구례군-4개소

(1) 김완: 구례군 산동면 월촌리로 김해 김씨이다. 선조 정유재란때 경상방어사로 남원서 승전했다.

(2) 이원효: 구례군 토지면 송정리로 선조 정유재란 때 현감 후 왕 득인, 이정익, 한호성, 양응록, 고정칠 등과 전투했다.

(3) 운조루: 구례군 토지면 오미리로 문화 유씨로 유이주가 건축 했다. 구름 속의 새처럼 숨어 사는 집이라 명명했다. 형국으로 금구몰니형(운조루), 금환낙지형(춘해루), 오보교취형(금·은· 산호·호박·진주)으로 명한다.

(4) 윤효손: 구례군 산동면 이평리 산91-1번지로 남원 윤씨이다. 연산군 때 호조참의, 관찰사, 대사헌, 형조판서, 좌참찬을 했 다. 조모, 부모, 손은 옆 산 능선에 있다.

9. 고흥군 – 6개소

(1) 고시합격 5명: 대서면 안남리 안동마을이다. 장남 송하성은 행시 22회, 차남 송영천은 사시 23회, 3남 송영건은 금성 다원 대표, 4남 송영길은 사시 36회 국회의원이고 인천시장이다. 장녀 송경희는 행시 39회, 차녀 송정희는 디자이너, 송하성의 장남 송승환은 사시 49회 출신이다.

(2) 나로호: 고흥군 봉래면 예내리 하반 마을이다. 우주센터 인공위성 발사장이다.

(3) 덕양서원: 동일면 덕흥리 668 – 2번지이다.

(4) 쌍충정려: 고흥군 동강면 마윤리 1163 – 3번지로 마서 마을이다. 여산 송씨이다. 선조 정유재란 때 의병장, 인조 때 병자호란 후 병조참의를 했다.

(5) 자혜의원: 고흥군 도양읍 소록리 711번지로 고종 때 조선총독 부령으로 설립되었으며 소록도에서 한센병 환자를 진료했다. 1916년 설립하여 국립 소록도 병원이 되었다.

(6) 지석묘군: 고흥군 동강면 유둔리 103번지이다. 고인돌(북방식) 로 신석기 시대 묘지이다.

10. 보성군 – 5개소

(1) 임희중: 보성군 조성면 축내리로 장흥 임씨이다. 성종 때 좌통례 학문 연구로 후학을 양성했다. 백천당은 교육, 모임, 회의, 문중 행사 등을 한다.

(2) 임범재: 보성군 보성읍 옥암리 560-1번지로 광주 이씨이다. 종갓집 동성 부락으로 대나무 숲이 비보이다.

(3) 서재필: 보성군 문덕면 용암리 가내 마을로 달성 서씨이다. 고종 때 갑신개혁으로 미국에 망명하였다. 최초의 의학박사이다.

(4) 최대성: 보성군 득량면 삼정리로 선조 때 충무공 휘하 승첩, 정유재란 때 20여 차례 승첩했다.

(5) 박남현: 보성군 미력면 대룡산 주변이다. 박성환 묘지는 보성군 미력면으로 부자가 난 곳이다.

11. 화순군 - 6개소

(1) 구존유: 화순군 한천면 고정리로 능성 구씨 시조이다. 고려 고종 때 귀화하여 벽상공신 삼중대광 검교상장군을 했다.

(2) 이경유 가옥: 화순군 도곡면 죽정리 367-1번지로 광산 이씨이다. 현재는 남원 양씨가 기거한다.

(3) 양팽손: 화순군 도곡면 월곡리 562번자로 중종 때 사간원, 정언 형령이었으며, 기묘사화 후 귀향하여 후학을 양성했다.

(4) 조광조: 화순군 남정리 174번지로 한양 조씨이다. 연산군 때 감찰, 대사헌을 했다.

(5) 지석묘군: 화순군 도곡면 대신리로 세계문화유산으로 등재코자 한다.

(6) 정승동: 화순군 한천면 정리에 있다.

12. 장흥군—6개소

(1) 김상철: 장흥군 용산면 모사라 12번지로 영강 김씨이다 순조 때 후순 교육용 건물로 사당을 지었다.

(2) 김재계: 장흥군 안양면 기산리로 고종 때 독립투사이며 항일 운동을 했다.

(3) 보림사: 유치면 봉덕리 45번지이다.

(4) 위백규: 장흥군 관산읍 산95번지로 장흥 위씨이다. 정조 때 성 공감, 현감을 했다.

(5) 위성룡 가옥: 관산읍 방촌리 447번지이다.

(6) 위성탁 가옥: 관산읍 방촌리 679번지이다.

13. 강진군—5개소

(1) 김영랑: 강진군 강진읍 남성리 211−1번지로 청풍 김씨이다. 현종 때 러시아 통상조약, 고종 때 외부대신을 했다.

(2) 염걸 장군: 강진군 칠량면 단원리 산61번지로 선조 임란 때 의 병장, 수문장, 충무공 휘하에 거제도 해전전사 후에 병조판서 를 했다. 동생은 병조참의, 아들은 이조참의를 했다.

(3) 윤복: 강진군 도암면 용흥리 산23번지로 예조정랑, 좌부승지, 현감, 군수, 목사, 안동도호부사를 했다.

(4) 조산: 강진군 병영면 성남리 302번지에 있다.

(5) 정약용: 강진군 도암면 만덕리로 나주 정씨이다. 현종 때 부호 군 형조참의 승지를 했다.

14. 해남군 - 3개소

(1) 윤두서 고택: 해남읍 연동리 82번지로 현종 1670년에 건립하여 윤두서가 생활했다.

(2) 윤선도 종가: 해남군 해남읍 연동리로 해남 윤씨이다. 현종 때 승지, 예조참의 후 이조판서를 했다.

(3) 정만석: 해남군 화음면 청용리로 온양 정씨이다. 순조 때 5조 판서, 우의정, 판중추부사를 했다.

15. 영암군 - 5개소

(1) 김완: 영암군 시종면 만수리 386-2번지로 해주 김씨이다. 광해군 때 절제사 병마절도사, 임란 때 방어사를 했다.

(2) 쌍 무덤: 영암군 시종면 내동리 579-1번지로 지석묘이다.

(3) 왕인: 영암군 군서면 동구람리 산18번지로 백제 근초고왕 때 태자의 스승이다.

(4) 조종수: 영암군 군서면 서구람리 332번지로 창녕 조씨이다. 문중 때 의병장의 집이며 대농가집이다.

(5) 최덕지: 영암군 덕진면 영보리 296번지로 전주 최씨이다. 세조 때 군수, 부사, 예문관 직제학을 했다.

16. 무안군 - 7개소

(1) 나상열: 무안군 삼향면 유교리 698번지로 고종 1912년에 천석꾼 나종만이 건립하였다. 국가지정민속자료로 좌향은 임좌병향이다.

(2) 동암묘: 무안군 운남면 동암리 6번지 원동암 마을로 면사무소에서 3km 거리에 있다.

(3) 모호: 무안군 해제면 용학4리로 함평 모씨이다. 7세손은 고려 평장사를 했다.

(4) 박진승: 무안군 무안읍 교절리로 무안 박씨의 중시조이다.

(5) 삼왕묘: 무안군 청계면 태봉리 태봉 마을이다. 가락국 시조로 김수로왕, 향왕, 흥무왕을 모신 사당이다.

(6) 청원 정씨: 무안군 압해면 가룡리로 고종 때 문중 교육장을 했다.

(7) 함평 노씨: 무안군 청계면 청수리로 무안 꽃동산 묘역이다.

17. 함평군 - 3개소

(1) 고막천: 함평군 학교면 고막리 629번지로 고려 원종 1273년에 고막대사 법천사가 건립했다.

(2) 이용섭: 함평군 함평읍 함평리 123-1번지로 공설 운동장 남쪽 기슭에 위치한다. 청와대 혁신관리 수석을 했고 2남은 판사, 사위도 판사를 했다.

(3) 이충인: 함평군 나산면 초포리 657-2번지로 함평 이씨이다. 선조 때 정유재란으로 순절했다.

18. 영광군-3개소

(1) 강항: 영광군 영광읍 학정리로 진주 강씨이다. 선조 때 공・형 조좌랑, 의병장을 하여 이순신을 도왔다.

(2) 김세공: 영광군 군남면 동간리 166번지 집성촌으로 연암 김씨 직강공파이다. 고려 고종 1369년에 군수를 했다.

(3) 한광윤: 영광군 법성면 신장리로 청주 한씨이다. 한명회의 윗 대이다.

19. 장성군-15개소

(1) 김경우 묘: 동화면 용정리 249-7번지에 있다.

(2) 김인후: 장성군 황룡면 필암리 377(산25)번지로 울산 김씨이다. 명종 때 홍문관 부수찬, 김성수의 윗대 묘이다.

(3) 김윤보: 장성군 동화면 서양리로 상산 김씨이다. 영중추파 입 향조이다.

(4) 김황식 선영: 북하면 중평리 산32번지로 11대조이고 부모 묘 지는 월성리 산127-2번지에 있다. 조부는 황룡면 황룡리 산 172번지에 있다. 증조는 동화면 구림리 산4-1번지에 있다. 고조는 서삼면 모암리 산33번지에 있다.

(5) 고경명 묘: 장성군 장성읍 영천리 374번지로 장흥 고씨이다. 선조 때 의병장으로 임진왜란으로 3부자 전사하여 그 후 좌찬 성이 됐다.

(6) 고광석: 장성군 백양사 백암산 정상으로 김성수 부통령의 부

인이다.

(7) 박상의: 장성군 북일면 수성리 286번지로 광해군 때 천문, 국
풍, 주부를 했고 본인이 소점했다. 부친은 박사순이다.

(8) 박수량: 장성군 황룡면 금호리 산33−1번지로 황룡중학교 오
른쪽에 위치하며 태인 박씨이다. 명종 때 호조판서, 지중추부
사를 했다. 비석이 백비로 기념물 193호이다.

(9) 박온 묘: 동화면 용정리 산27−1번지에 있다.

(10) 붓 바위: 장성군 황룡면 필암리로 황룡강 건너자마자 붓바위
묘가 있다. 필암리에 하서 김인후 생가가 있다.

(11) 이진환: 장성군 장성읍 백계리 478번지로 지금은 이용중이
기거한다.

(12) 임종국: 장성군 서삼면 모암리로 축령산 인공조림지 휴양림
독림가로 수목장을 했다.

(13) 여흥 민씨: 장성군 황룡면 맥동 마을로 왕자의 난을 피해 전
라도로 피란했다.

(14) 필암서원: 장성군 황룡면 필암리 377번지로 명종 때 김인후
를 배향했다.

(15) 홍길동: 장성군 황룡면 금호리로 『홍길동전』의 저자이다. 세
종 홍정승의 아들로 둔갑술을 했다.

20. 완도군−3개소

(1) 윤선도: 완도군 보길도 부황리 202번지로 해남 윤씨이다. 현종
때 승지 예조참의를 했다.

(2) 이순순: 완도군 고금도 덕두리 산58번지로 덕수 이씨이다. 선
    조 때 정유재란을 당했다.

(3) 김성희: 완도군 보길면 정자리 465번지로 고종 때 사헌부 감
    찰, 중추원 의관을 했다. 부 김노연은 150년 전에 가옥을 건립
    했다.

21. 진도군 — 5개소

(1) 곽부자: 진도군 군내면 수정리 뒷산으로 부자 곽씨이다. 생가
    는 진도군 진도면 남동리에 있다.

(2) 왕온: 진도군 의신면 참계리 산45번지로 고려 원종 때 삼별초
    의난으로 왕온과 아들이 죽었다.

(3) 바닷길: 진도군 고군면 화동리에서 의신면 모도리까지 바닷길
    이다. 뽕할머니 영정이 있다.

(4) 조응량: 진도군 고군면 도평리 산117—3번지로 창녕 조씨이다.
    선조 때 정유재란으로 전사했다.

(5) 이순신: 진도군 고군면 벽파리 682번지로 덕수 이씨이다. 선조
    때 명량해전으로 전사했다.

22. 신안군 — 6개소

(1) 김대중 생가: 신안군 하이면 후광리 원후광 마을로 김해 김씨
    이다.

(2) 김대중 선영: 하이면 후광리 후광교회 건너 좌측에 조부 김제
    호의 묘가 있다. 증조부 김태현은 뒷산 넘어 있다. 고조부 김
    겸선과 5대조 김익조는 동네 입구에 있다. 부모 묘는 용인으
    로 이장했다.

(3) 장병준: 신안군 장산면 대리 137－3번지로 민주당 전남도당 위원장으로 윗대는 고종 때 독립만세운동 상해임시정부 의정원재무부차장 군자금을 조달했다.

(4) 정덕성: 신안군 압해면 가룡리 산165－2번지로 정씨의 시조이다. 신라 선종 때 당나라 무종 대승상겸 대양군봉작을 했다. 장남은 영광 정씨, 차남은 나주 정씨, 3남은 청원 정씨이다.

(5) 정약전: 신안군 도초면 사리로 나주 정씨이다. 순조 때 실학자로 문신 정약용의 형이다.

(6) 조희룡: 신안군 임자면 이흑암리로 풍양 조씨이다. 숙종 때 인조 자의대비, 예송 논쟁을 했다.

경상북도

경상북도는 23개 시군에 400여 개소의 관산지를 보유하고 있는 도로서 8대 명당이 5개소에 달한다.[20] 그 대상은 예천 지보에 있는 정사의 묘, 영천 이당의 묘, 고령의 고령 신씨 묘, 청송의 심씨 묘, 상주의 잉어 명당 등이 있는 곳이다. 경상도는 지리산 북쪽 일대가 혈로 남아 있다.[21]

1. 포항시 - 18개소

(1) 김상기 참모총장 생가: 남구 동해면 금광리 618번지이다.

(2) 김예충: 포항시 연일읍 우복2리로 수원 김씨 영일파이다.

(3) 보경사: 송라면 중산리 622번지이다.

(4) 박능일: 포항시 북구 흥해읍 우목리 죽천초등학교 동쪽 언덕 월선 박씨이다. 고종 때 을사조약 반대로 바다에 자결했다.

(5) 손소: 포항시 남구 연일읍 달전리 산60-3번지로 경주 손씨이다. 세종 때 병조좌랑, 안동부사, 진주목사, 이조판서를 했다.

(6) 손중돈: 포항시 남구 연일읍 달전리 66-2번지로 경주 손씨이다. 성종 때 관찰사, 이조판서, 우참찬을 했다.

---

20) 8대 명당에 대해서는 객관성이 떨어지고 개개인의 의미에 주관성이 강하다. 따라서 이에 대해서는 별지에서 근거를 밝힌다.

21) 장익호, 『유산록』, p.9.

(7) 신경: 포항시 기계면 영산 신씨의 시조이다. 고려 인종 때 금
자광록대부 문하시중 평장사를 했다.

(8) 이숭례: 포항시 남구 연일읍 우봉리 237번지로 여주 이씨이다.
고려 때 진사, 병조참판, 이언적의 증조이다.

(9) 이명박: 포항시 북구 신광면 만석2리 온천휴게소 건너 쪽 산에
있다. 서울 시장, 대통령을 했고 조부모, 증조부모, 고조부모
묘역이 있다.

(10) 이언적: 포항시 남구 연일읍 달전리 산81-1번지로 옥산서원
이 있다. 여강 이씨로 성종 때 예조참판, 우찬성을 했다.

(11) 유삼재: 포항시 기계면 미현리로 기계 유씨이다. 신라 아찬을
했다. 호장 문제로 신분이 강등됐다.

(12) 윤신달: 포항시 북구 기계면 봉계리 552번지로 파평 윤씨 시
조이다. 고려 태사공벽상삼한익찬공신으로 삼중대광국사이다.

(13) 장군 마을: 기계면 인비리 마을에 장성 10여 명이 배출됐다.

(14) 진신광: 포항시 신광면 반곡리로 여양 진씨 6대조이다.

(15) 정문부: 포항시 북구 기북면 오덕리로 해주 정씨이다. 선조 때 진주부윤, 임진왜란 때 공산사령부를 했다.

(16) 정습명: 포항시 남구 대송면 남송2리 465번지로 영일 정씨 시조이다. 고려 인종 때 한림학자, 추밀원지주사를 했다.

(17) 최호: 포항시 흥해면 남송3리 58-6번지 서원 마을로 고려 검교대장군, 삼한벽산을 했다. 곡강 최씨로 알려져 있다.

(18) 허진수: 포항시 남구 장기면 금곡리 39번지로 김해 허씨이다. 선조 때 통정대부를 했다.

2. 경주시-43개소

(1) 김동리 생가: 성건동 284-2번지이다.

(2) 김인문: 경주시 서악동 1006-1번지로 신라 무열왕의 2남으로 문무왕의 동생이다. 외교관과 태대각간을 했다.

(3) 김양: 경주시 서악동 1006-1번지로 대각간을 했으며 장보고 와 결탁, 민애왕을 죽였다.

(4) 김유신: 경주시 충효동 산7-1번지로 신라시대에 처음으로 평 야지에서 산으로 들어갔다.

(5) 김후직: 경주시 황성동 471번지로 신라 진평왕 때 병부령을 했고 지증왕의 증손이다.

(6) 경애왕릉: 경주시 배동 산73-1번지로 신라 55대왕 선덕왕 아 들이며 포석정 연회 도중 후백제 견훤의 공격으로 피살되었다.

(7) 경주향교: 교동 17-1번지이다.

(8) 괘능: 경주시 외동면 괘능리 산17번지로 신라 38대 원성왕의 자리이다. 광속에 물이 많아 나무로 괘를 놓아 장사를 지냈다 하여 괘릉이라 했다.

(9) 내물왕릉: 경주시 교동 인왕동으로 신라 17대왕이며 김씨의 왕위 세습이 시작되었다. 인근에 미추왕릉의 계림(경주김씨 시조)이 있다.

(10) 덕흥왕릉: 경주시 안강읍 육통리 산42번지로 신라 42대왕이며 원성왕의 손자이다.

경덕왕릉: 내남면 부지리 산8번지로 신라 35대왕 성덕왕의 아들이다.

진덕왕릉: 현곡면 오유리 산48번지로 신라 28대 여왕 갈문왕의 딸이다.

성덕왕릉: 조양동 산8번지로 신라 신문왕 2남이다. 형은 효소왕이다.

현덕왕릉: 동천동 80번지로 신라 41대왕이다.

오릉: 탑동 67-1번지로 박혁거세, 비알영, 남해왕, 유리왕, 파사왕이다.

일성왕릉: 탑동 산23번지로 신라 7대왕 유리왕의 장자이다.

탈해왕릉: 동천동 산17번지로 신라 4대왕 알 궤짝 속에 까치 알이 석탈해이다.

미추왕릉: 황남동 89-2번지로 신라 13대왕 김알지의 후예로 김씨의 첫 왕이다.

법흥왕릉: 효현동 산63번지로 신라 23대왕 지증왕의 장남이다.

진흥왕릉, 문성왕릉: 서악동 산92－2번지로 신라 24대왕과 46대왕이다.

진평왕릉: 보문동 608번지로 신라 26대왕이며 진흥왕의 장손이다.

신문왕릉: 배반동 453－1번지로 신라 31대왕 문무왕의 장남이다.

선덕여왕릉: 보문동 산79－2번지로 신라 27대왕 진평왕 마야부인의 딸이다.

정강왕릉: 남산동 산53번지로 신라 50대왕 경문왕의 2남이다.

내물왕: 교동리로 신라 17대왕이며 김씨의 두 번째 왕이다.

(11) 무열왕릉: 신라 29대왕으로 삼국 통일을 했다.

(12) 박목월 생가: 건천읍 모량리 64번지이다.

(13) 박상진: 경주시 외남면 노곡동으로 고종 때 항일투사였으며, 광복회를 조직하고, 친일 부호를 사살했다.

(14) 백우경: 경주시 안강읍 옥산리 옥산서원 뒤로 수원 백씨 시조묘이다.

(15) 불국사: 진현동 15 - 1번지이다.

(16) 수졸당 종택: 경주시 강동면 양동리 212번지(서악동 423 - 1번지)로 여주 이씨이다. 이언적 손자 이의상이 1616년에 건립하였으며 광해군수를 했다.

(17) 손동만 가옥: 경주시 강동면 양동리 223번지로 경주 손씨의 대종가이다. 이언적이 이곳 외가에서 출생하였으며 성종 때 병조좌랑을 하였다.

(18) 서악서원: 경주시 서악동 615번지로 기념물 제19호이다. 김유신 장군을 기리기 위해 세운 사당으로 조선 명종 16년 1561년에 설립됐다.

(19) 설총: 경주시 보문동 423번지로 원효와 요석 공주의 아들이다. 진평왕릉의 안쪽 마을에 위치한다.

(20) 이팽수: 경주시 안강읍 산대리로 청안 이씨이다. 병조참판과 가선대부를 했다.

(21) 이알평: 경주시 동천동 산16번지, 경주 이씨의 시조로 발상지이다. 민주주의의 방식인 화백 제도로 박혁거세를 왕으로 추대했다. 아찬을 했고, 표암공은 경주시 동천동 507 - 7번지로 석탈해 왕릉 옆에 있다.

(22) 이언적: 경주시 안강읍 옥산3리 안골 옥산농원 식당 뒤로 여강 이씨이다.

(23) 여근곡: 경주시 건천읍 신평2리 마을 뒷산이다. 옥문으로 남근석을 설치하여 음양조화를 이루었다.

(24) 옥산서원: 경주시 안강읍 옥산리 7번지로 회재 이언적(1491～1553) 선생의 학문과 덕행을 기리고자 하였다.

(25) 양동마을: 경주시 강동면 양동리 민속마을로 여강 이씨, 월성 손씨들의 집성촌이다.

(26) 지백호: 경주시 내남면 노곡리 산93번지로 자좌오향이다. 경 주 정씨의 시조 묘이다.

(27) 조계룡: 경주시 안강읍 노당2리 산37－1번지로 창녕 조씨 시 조묘이다. 신라 진평왕 때 부마도위, 태사공 부원군을 했다.

(28) 정석영: 경주시 강동면 오금1리 마을 뒷산이다. 동래 정씨로 국회의원, 장군을 했다. 정수성 조부와 부모 묘지는 동네 뒤 안골에 있다. 물 명당은 이 묘지에서 향이 되는 방향의 오른쪽에 위치한다. 달성 서씨의 묘지이다.

(29) 최부자(7·8·9세 비): 경주시 현곡면 라원리 호정동으로 라원역 뒤 월성 최씨 사성공파이다. 7세 최진립 비 정부인 유씨는 경좌, 8세 최동량의 비 영일 정씨는 유좌, 둘째 비 웅천 주씨는 유씨 뒤의 묘로 신좌이다.[22]

(30) 최인수: 경주시 내남면 화곡2리 공장 뒷길의 산으로 경주 최씨이다. 최부자 최문 선대 묘 외 여러 묘가 있다.

(31) 최준: 경주시 교동 69번지로 경주향교 옆 건물이다. 경주 최씨 종가로 9대 진사, 12대 만석꾼이다. 내남면 이조리 충의당에서 이주했다.

---

22) 양삼열, 「경주 최부자 가문의 풍수지리 입지 연구」, 대구한의대학교 대학원 석사논문, 2013. 최부자에 대해서는 이 논문이 주목된다.

(32) 경주 법주댁과 충의당

(33) 최부자: 경주시 내남면 박달리 동네 뒤 못 옆이다. 11세 최승 열은 동덕랑과 합장, 15세 최세린은 성균관 생원이다.

(34) 최부자: 경주시 서면 심곡리 못 밑 옆으로 12세 최종율 선균 관 진사를 했다.

(35) 최부사: 경주시 조양동 밤밭의 동편 못 안 우측 능선으로 사성공파이다. 12세 최종률 비는 16세 최만희 묘 뒤에 위치하며 13세 최언경 비 신씨는 간좌곤향, 16세 최만희는 최종률 비 묘 아래에 위치한다.

(36) 최부자: 내남면 월산리 굴다리 밑으로 사성공파이다.

(37) 최부자: 건천읍 광명동으로 5대조 비 선영하에 위치하며 17세 최현식은 통사랑 참봉으로 손좌건향이다. 14세 최기영은 용명리 명장산에 해좌 15세 최세린의 비는 을좌로 광명동에 위치한다.

(38) 최부자: 경주시 천북면 동산동으로 사성공파이다. 15세 최세린 비는 간좌곤향이다.

(39) 최재우 묘: 현곡면 가정리 산63번지이다.

(40) 최제우 생가: 경주시 현곡면 가정리 용담정으로 경주 최씨이며 부는 최옥, 모는 한씨이다. 묘지는 건너편 산에 위치한다. 철종 때 성리학자로 유불선의 동학을 창도했다.

(41) 최제우 부인 묘: 경주시 현곡면 가정2리의 묘지로 경주 최씨이다. 동학창도주로 천도교 교주이다.

(42) 최진한: 경주시 현곡면 남사 2리 북골 현불사를 지나 우측 제실 뒤로 경주 최씨 16대손이다. 14세는 참봉과 처사, 좌승지, 통정대부를 했고 13세는 좌통례, 통훈대부, 16대는 승사랑, 군자감봉사, 15세는 병조참판, 가선대부를 했다.

(43) 최잠와: 경주시 내남면 노곡리 미역골로 경주 최씨이다. 정무공 최진립 후손의 가족묘이다.

3. 김천시 – 12개소

(1) 김수배: 경북 김천시 농소면 월곡리 산78번지로 이무영 선생 학생반의 고조모 5악과 3성이 있다. 좌선룡에 우선수의 백호국세이다.

(2) 권웅: 김천시 조마면 장암1리로 안동 권씨이다. 22세손으로 공조좌랑, 현감, 21세는 권상으로 통훈대부, 군수를 했다.

(3) 배인범: 김천시 구성면 송죽리 대방 학동 고개 넘어 골짜기 안쪽 문중 묘역으로 성주 배씨이다. 좌찬성 통훈대부를 했고 배의범, 배홍구는 좌찬성과 공조참판을 했다.

(4) 이말정: 김천시 구성면 상원리 원터골로 연안 이씨이다. 충청도사를 했고 아들 5형제가 과거에 급제했다.

(5) 유후조: 김천시 계령면 동부2리 68번지로 재실 뒷산으로 풍산류씨이다. 유성룡의 8대손으로 이조참판, 공조판서, 좌의정을 했다.

(6) 여명주: 김천시 구성면 광명리 727 – 1번지로 선산 여씨이다. 현종 때 60여 칸의 집을 건립했다.

(7) 장승원: 김천시 대항면 운수리 직지사 산문 옆으로 인동 장씨이다. 수도청장과 국무총리를 했다. 장택상의 부이다.

(8) 전주 최씨: 경북 김천시 감천면 무안리 15번지로 당배와 쌍귀가 있고 5악이 있다.

(9) 전씨 묘: 김천시 농소면 월곡리 산91번지 개인 민묘이다. 와혈이며 횡혈로 5악과 3성이 있다. 후손들의 발복이 좋다.

(10) 전씨 묘 건너 민묘: 경북 김천시 농소면 월곡리 598번지 순대 국밥집 식당 뒤로 전영철 부모 묘 뒤이다. 5악이 있는 곳이다.

(11) 최안선: 김천시 구성면 송죽리 동네 뒤 언덕 넘어 골 안으로 화순 최씨이다.

(12) 최자강: 김천시 구성면 양각2동 안곡으로 화순 최씨이다. 이 조판서 문정공, 공조판서를 했으며 손자는 도승지를 했다.

4. 안동시-54개소

(1) 간재 종택: 서후면 금계리 162번지이다.

(2) 구봉령: 안동시 와룡면 라소동으로 능성 구씨이다. 선조 때 예 문관 대제학 오위도총관 부제, 이조판서를 했다.

(3) 고시 터: 풍천면 인금리 417번지이다. 3형제 고시를 했다.

(4) 김계권: 안동시 풍산읍 소산리 202번지 역골 마을 뒷산으로

(신)안동 김씨이다. 선조 때 한성부 판관을 했으며 학조 대사가 소점했다. 손자가 김번이다.

(5) 김대현: 안동시 풍산읍 오미리 행갈지 못 둑으로 간다. 풍산 김씨로 입향조이다. 명종 때 이조참판을 했다. 아들 9형제가 벼슬을 했다.

(6) 김방걸: 안동시 임동면 박곡리 산769번지로 의성 김씨이다. 숙종 때 수찬, 사간, 대사간, 대사성을 했다.

(7) 김방경: 안동시 녹전면 죽송동 330번지로 안동 김씨이며 입향조이다. 고려시대 후기 장군으로 개국 공신이다.

(8) 김부필: 안동시 와룡면 오천리 산28－1번지로 광산 김씨이다. 선조 때 이조판서를 했다.

(9) 김성일: 안동시 와룡면 서기리 산75－3번지로 의성 김씨이다. 선조 때 통신부사 우병사를 했다. 생가는 종택으로 서후면 김계리에 있다.

(10) 김선평: 안동시 서후면 태장1리 249번지로 안동에서 봉정사 가는 길 우측에 있다. 안동 김씨의 시조이다. 3태사 묘로 알려져 있다.

(11) 김성헌: 안동시 풍산읍 소산리로 안동 김씨의 종택이다. 불천위로 효종 때 대제학 예조판서, 좌의정을 했다.

(12) 김윤환 묘: 임동면 망천리 산149−12번지로 의성 김씨이다.

(13) 김씨 종택: 풍산읍 소산리 218번지이다.

(14) 김진: 안동시 임하면 천전동 내앞 마을로 의성 김씨이다. 아들 5명이 과거에 급제했다. 영남의 4대 길지로 알려져 있다. 김극일, 김진, 김성일과 독립운동사 김동삼, 김형식이 있다. 비보풍수로 숲이 있다.

(15) 김천: 안동시 와룡면 중가구리로 의성 김씨이다. 김거두의 아들이다.

(16) 김희맹: 안동시 남후면 하아리로 안동 김씨이다. 참봉을 했다.

(17) 김홍락 묘: 서후면 금계리 서산마을이다.

(18) 권응종 묘: 와룡면 이하리 635번지이다. 권명달의 묘도 있다.

(19) 권영겸: 안동시 남후면 단호1리 동네 우측 뒷산으로 안동 권씨이다. 권기택 국회의원의 증조 묘이다.

(20) 권건 묘: 풍천면 가곡리 산22번지이다.

(21) 권향: 안동시 풍산면 가곡리로 시습재 종택이며 안동 권씨 세거지이다. 도승지, 관찰사를 했다.

(22) 권행: 안동시 서후면 성곡리 393번지로 안동 권씨 시조이다. 고려 태사, 능동제로 3태사 중의 하나이다.

(23) 남천고택: 풍천면 가곡리 422번지이다.

(24) 류경심: 안동시 서후면 성곡동 능골로 풍산 류씨이다. 선조 때 호조참판, 대사헌, 병조참판, 관찰사를 했다.

(25) 류성룡: 안동시 풍산읍 수동 산 23번지로 풍산 류씨이다. 중종 때 이조판서, 대제학, 영의정을 했다. 증손자 류만하의 묘가 있다.

(26) 류운룡: 안동시 풍산읍 하회동 하회 마을로 풍산 류씨이다. 선조 때 류성룡의 형으로 풍기군수, 원주목사를 했다.

(27) 류진걸: 안동시 임동면 수곡리 526번지로 풍산 류씨이다. 고종 때 독립운동을 했다.

(28) 류치명: 안동시 임동면 수곡동으로 전주 류씨이다. 정조 때 공조참의, 한성좌윤, 병자참판을 했다.

(29) 비안공 고택: 풍산읍 소산리 224−3번지이다.

(30) 봉정사: 서후면 태장리 901번지이다.

(31) 병산서원: 안동시 풍천면 병산리 30번지에 위치한다.

(32) 수곡고택: 풍천면 가곡리 419번지이다.

(33) 안동 김씨 종택: 안동시 풍산읍 소산리 소산마을이다.

(34) 우탁 묘: 예안면 정산리 산167 – 1번지이다.

(35) 유성: 안동시 임곡면 망천리 임당 무실 입향조로 전주 유씨이다. 김진은 의성 김씨 중시조로 유성의 사위이며 6대 손까지 묘가 있다. 유정기는 충남대, 유안진은 서울대, 유석춘은 연세대, 유철균은 이화여대에 근무한다.

(36) 이상룡: 안동시 법흥동 20번지로 고성 이씨이다. 구국의병 활동을 한 독립운동가로 상해 임시정부 국무령을 했다.

(37) 이기: 안동시 청량산 북쪽 옥산으로 진성 이씨이다. 퇴계의 증손으로 선조의 뜻을 버리고 은둔하였다.

(38) 이공 묘: 와룡면 태리 861－1번지이다.

(39) 이중: 안동시 월곡면 미현동으로 고성 이씨이다. 성종 때 현감을 했다.

(40) 이계양: 안동시 도산면 은혜리 은혜초등학교를 지나 뒷골로 진성 이씨이다. 중종 때 이조판서를 했다. 부모는 이식으로 좌찬성, 증조부모는 이해이다.

(41) 이덕룡 묘: 녹전면 원천리 산147번지이다.

(42) 이자수 묘: 서후면 명리 산5번지이다. 퇴계 선생의 고조부이다.

(43) 이현보: 안동시 도산면 거송리로 영천 이씨이다. 명종 때 사간 수령 관찰사를 했다.

(44) 이황: 안동시 도산면 퇴계리로 진성 이씨이다. 명종 때 부제학 공조참판, 성리학자이다.

(45) 우재주: 안동시 풍산읍 서미리 단양 우씨이다.

(46) 우탁: 안동시 예안면 정산2리로 단양 우씨이다. 고려 원종 때 영해사록 감찰규정 항공진사를 했다. 돌혈이다.

(47) 예안향교: 도산면 서부리 204−1번지이다.

(48) 장태사: 안동시 서후면 성곡동으로 안동 장씨이다. 고려 3태 사 중 한 사람이다.

(49) 정영방: 안동시 용상동 선어대 동래 정씨로 광해군 때 진사를 했다. 혈의 사상은 심와이다.

(50) 정탁: 안동시 풍산읍 오미리 큰마을로 청주 정씨이다. 선조 때 이조팜판 좌의정을 했다.

(51) 죽헌 고택: 서후면 태장리 939번지이다.

(52) 하회마을: 안동시 풍산면 하회동으로 풍산 유씨의 집성촌이다. 행주형 모양의 마을이다.

(53) 학봉 종택: 서후면 금계리 856번지이다.

(54) 홍지경: 안동시 풍산읍 신석리로 풍산 홍씨의 시조이다. 고려
　　　고종 때 3품을 했다.

5. 구미시-25개소

(1) 강덕수 선영: 도개면 신곡리 산100-1번지이다. STX그룹 회장
　　이다. 조부는 강명식, 고조부는 강철희이다.
(2) 강덕수 생가: 도개면 신림리 산19-4번지이다.
(3) 금오서원: 구미시 선산읍 원리 276번지로 기념물 제60호이다.
　　야은 길재(1353~1419) 선생의 충절과 학문을 기리기 위해 지
　　은 서원이다. 선조 8년에 사액서원이 되었다가 1602년에 현
　　위치로 옮긴 것이다.

(4) 김선궁: 구미시 해평면 금호2리 산28번지로 선산 김씨의 시조 묘이다. 고려시대 묘역이다. 문과 5부 판서를 역임하고 우의 정, 좌의정을 했다.

(5) 김재규: 구미시 옥성면 덕천2리로 정보부장 건설부 장관 국회 의원 보안사령관, 청와대 경호실장을 했다. 조부의 묘이다.

(6) 길재: 구미시 오태1동 마을 뒷산으로 해평 길씨이다. 공민왕 때 국자감 박사, 태종 때 태상박사를 했다.

(7) 낙봉서원: 구미시 해평면 낙성리 474번지에 있다. 안산이 일자
문성으로 되어 있고 용맥을 타고 있다. 김숙자, 김취성, 박운
김취문 고응척 등 5인을 모시고 추모하는 곳이다. 정조 때 사
액서원이 되었다가 고종 때 철폐되어 다시 복원됐다.

(8) 박수홍: 구미시 봉곡동으로 밀양 박씨이다. 인조 때 현령, 형조 참의, 경주부윤을 했다.

(9) 박정희: 구미시 구미면 상모리 171번지로 고령 박씨이다. 청룡 끝자락에 위치한다. 좌선룡으로 들어온다. 간좌곤향이다.

(10) 쌍암고택: 해평면 239번지이다.

(11) 선산공원묘지: 구미시 옥성면 초골리 산6-1번지로 묘지공원 이다.

(12) 新堂 鄭鵬: 구미시 무을면 웅곡리 산29-3번지로 해주 정씨이다.

(13) 松堂 朴英: 구미시 선산읍 옥성면 옥관리로 밀양 박씨이다. 이
　　　조참판, 의주목사, 경상도병마절도사, 병조참판을 했다.

(14) 의구총: 구미시 해평면 낙산리 산148번지로 개의 무덤이다.
　　　인조 때 안응창이 만들었다. 황구가 잠든 주인을 불에서 구
　　　하고 죽었다.

(15) 의우총: 구미시 산동면 인덕리 104 - 1번지로 소의 무덤이다.

(16) 이맹전: 구미시 해평면 금호2리 산148번지로 벽진 이씨이다. 세조 때 생육신으로 현감 이후 벼슬을 거절했다.

(17) 장금용 묘: 인의동 598 - 1번지로 인동 장씨의 시조이다.

(18) 장량: 구미시 해평면 산양리 산7 - 1번지 뒷산으로 도리사 입구이다. 아산 장씨로 선조 이순신의 휘하의 장군이다.

(19) 장택상 생가: 구미시 오태1동 현 굼터 식당으로 인동 장씨이다. 고종 때 군정 외무부장관, 국무총리, 국회의원을 했다. 좋은 자리인가.

(20) 장형광: 구미시 오태1동으로 인동 장씨이다. 인조 때 대사헌, 공조판서, 지중추부사 후 영의정을 했다.

(21) 정백균 처 조부: 구미시 무을면 웅곡리 산120-5번지로 오악
    과 삼성이 있는 곳이다.

(22) 최재화: 구미시 해평면 신양동으로 김구 선생의 모금책이다. 건국훈장 애국장을 받았다.

(23) 최현 묘: 장천면 묵어리 산20번지이다.

(24) 하위지: 구미시 선산읍 죽장리로 진주 하씨이다. 세조 때 사육신으로 예조 참판을 했다.

(25) 和義君 金起묘: 구미시 선산읍 포상2리 439−2번지로 선산 김씨이다. 18세손으로 중시조이다. 형조, 호조판서를 했다.

6. 영주시－17개소

(1) 김우익: 영주시 인산면 신암리 304번지로 선성 김씨이다. 선조
때 군수, 현감, 한성판윤이었다. 손자 김종호는 진사를 했다.

(2) 김흠조: 영주시 순흥면 창구리로 예안 김씨이다. 소수박물관 옆이다. 연산군 때 현감, 지평 목사를 했다.

(3) 류빈 묘: 문수면 승문리 산173번지이다.

(4) 류윤선: 영주시 문수면 승문리로 전주 류씨이다.

(5) 무섬마을: 영주시 문수면 수도리 209번지로 고택 마을이다.

(6) 부석사: 영주시 부석면 북지리 148번지에 위치한다.

(7) 소수서원: 영주시 순흥면 내죽리 152−8번지에 위치한다. 고
　　려 안향을 제향하고 있다.

(8) 순흥어숙: 영주시 순흥면 태장리 산95번지이다. 평왕 장군의
　　무덤이다.
(9) 순흥향교: 영주시 순흥면 청구리 437번지에 있다.

(10) 성이성: 영주시 이산면 신암리 뒷산으로 창녕 성씨이다. 부모 묘는 두월2리에 있다. 조선 중기 때 문신이다. 성안의는 부사, 어사 후에 부제학을 했다.

(11) 삼판서: 영주시 영주동 구선공원 남쪽 제민루 옆이다. 고려 때 정운경은 형부상서, 사위 황유정은 공조판서, 외손자 김담은 이조판서를 했다. 후에 판서 5명, 문과 급제 8명, 무과 1명, 진사 1명, 생원 1명이 나왔다.

(12) 안영유: 영주시 부석면 감곡리로 순흥 안씨이다. 2세손이 안향의로 주자학자이며 시조는 안자미이다. 후손이 안향, 안창호, 안중근, 안익태 등이다.

(13) 이황의 부인 묘: 이산면 신암리 산133번지이다.

(14) 오정주: 영주시 고현동 223－1번지이다.

(15) 정감록 십승지: 영주시 풍기읍 금계촌이다.

(16) 정운기 묘: 이산면 신암리 산69－1번지이다.

(17) 해우당 고택: 문수면 수도리 244번지이다.

7. 영천시 - 35개소

(1) 가선대부김해김공득식의 묘: 영천시 화북면 정각리 65번지로
    정부인 달성 서씨 자리가 좋다. 오악과 삼성이 있다.

(2) 권응수: 영천시 청통면 애련리 영취사 앞 연못 바로 뒤에 위치로 안동 권씨이다. 선조 때 의병장, 의금부사, 참판, 도총관, 승정대부, 자헌대부를 했다.

(3) 김승현: 영천시 임고면 고천리 임고 중학 못가 고대마루에 있으며 경주 김씨이다. 김문수 경기 지사의 부모 묘와 증조부모 묘는 자양면 용산리 계곡 건너 산 중턱에 있다.

(4) 김자양: 영천시 자양면 자양 댐 죽장 방향 댐 돌다가 중간 부분이다. 경주 김씨로 입향조이다. 조선 태종 때 정랑 부사 후에 이조판서를 했다.

(5) 거창, 강릉, 백천 유(劉)씨 도시조, 죽간(竹諫) 전(筌)의 묘: 영천시 녹전동 석동1길 32-9번지로 중국 송나라 한림학사와 병부상서를 지낸 뒤 황제에게 극간돼 고려 문종 때 영천에 귀화하여 맏아들 견규(堅規)는 거창 유씨 시조로, 8세손 국추(國樞)는 백천 유씨 시조로, 9세손 승비(承備)는 강릉 유씨 시조이다.

(6) 대전(大田) 이보흠(李甫欽): 영천시 화남면 죽곡1리 산220번지로 순흥부사 때 금성대군과 단종 복위를 꾀하려다 교살됐다.

(7) 박범래: 대창면 신광리 언덕 위 길가로 밀양 박씨이다. 박헌기 부모로 사법고시 6명과 장군이 나왔다.

(8) 박인로: 영천시 북안면 도천리 383번지로 밀양 박씨이다. 인조 때 선전관을 했다.

(9) 순절공 손덕순의 탄관묘: 영천시 고경면 학리 산106번지로 갓
   안에 쓰던 탕건 모양의 무덤이다. 봉분 뒷면은 원형, 앞면은
   단절된 모양이다.

(10) 서동권: 영천시 화북면 옥계리 뒷산 능선으로 달성 서씨이다. 부모 묘로 법무부 장관을 했다.

(11) 이당: 영천시 북안면 도유리 산85번지로 광주 이씨이다. 고려 공민왕 때 둔촌 선생의 대부이다. 8대 명당으로 알려져 있다. 둔촌의 아들인 지직은 참의, 지장은 좌참찬, 지안은 이조판서, 후손 이시영은 부통령을 했다.

(12) 이대영: 영천시 오미동 산121번지로 영천 이씨의 7세이다. 고려 신호위 대장군이다.

(13) 이문한: 영천시 오비동으로 영천 이씨의 시조이다. 관찰사 한성부윤 자헌대부를 했다.

(14) 이맹전: 영천시 자양면 용산리로 벽진 이씨이다. 세조 때 정언 현감 생육신으로 용계서원에 배양되어 있다.

(15) 이원정: 영천시 대창면 신광1리 동네 밭 뒤로, 광주 이씨이다. 숙종 때 남인으로 승정대부, 이조판서, 판이 금부사를 했다.

(16) 인덕원: 영천시 고경면 오룡리로 경주 최씨의 집단 묘이다.
길가에 있다.

(17) 임고서원: 영천시 임고면 양항리 462번지로 정몽주를 배향하
고 있는 서원이다.

(18) 유창순: 영천시 야사동 안골로 군부대 안이다. 거창 유씨로
시조묘이다. 국무총리를 했다.

(19) 영양군 묘: 오미동 산121번지이다. 영천 이씨 시조이다.

(20) 영천시장: 영천시 화남면 선천리 1446−5번지로 정재균의 묘이다.

(21) 애국지사 정규직 묘: 영천시 자양면 삼귀리 산91－15번지로
    오천 정씨이다.

(22) 조치우 묘: 대창면 대재리 210-1번지이다.

(23) 전재희 친정: 대창면 오길리 뒷산으로 용궁 전씨이다. 국회의
원, 보건복지부장관을 했다. 조모 묘는 달성 서씨이고 조부는
공자참의로 동네 좌측 장곡지 못 위에 있다. 전성규 5대 조
부, 부모묘, 조부모 묘는 동네 좌측 골짜기 장곡 못 위 좌쪽
에 있다. 창녕 성씨로 성수진의 묘는 우측 능선 위에 있다.

(24) 죽림사: 영천시 금호읍 봉죽리 67번지로 천년 고찰이다.

(25) 정석달: 영천시 임고면 선원리 131번지로 고택이다.

(26) 정세아: 영천시 자양면 성곡리 영일 정씨로 명종 때 의병대장을 했다.

(27) 정운관: 영천시 임고면 양항리로 정몽주의 부친 일성부원군 묘지이다. 장겸혈로 겸두에 자리했다.

(28) 정운량: 영천시 임고면 삼매리로 오천 정씨이다.

(29) 정용준 고택: 영천시 임고면 선원연정길 49 - 10번지로 중요 민속자료 제107호이다.

(30) 조호익 고택: 영천시 대창면 신광리로 목사, 부사, 이조판서를 했다.

(31) 최무선 생가: 영천시 금호읍 원기리로 영천 최씨이다. 고려 공민왕 때 무기를 발명하였으며 장군, 영성부원군을 했다.

(32) 최문기: 영천시 북안면 고지1리로 만불산 못가 면사무소를 지나 노인 병원 옆에 부모 묘, 조부 묘가 있다. 경주 최씨로 경찰청장을 했다.

(33) 풍수스님: 영천시 청통면 신덕1리 뒷산 옆 나일 못으로 스님이 점지했다.

(34) 호수종택: 대전동 52번지이다.

(35) 황보능장: 영천시 고경면 창하리 산5－1번지 3사관학교 내로 영천 황보씨의 시조이다. 고려 태조 때 좌승지, 금강성 축조 장군을 했다.

8. 상주시-34개소

(1) 강영숙: 이안면 양범리 30-1번지이다. 진주 강씨이다.

(2) 강중희: 이안면 구미리 산95번지로 동아제약 창업주이다.

(3) 김광범 묘: 중동면 간상리 산55번지로 선산 김씨이다.

(4) 김우굉: 상주시 중동면 회상리 산12-6번지 매골의 의성 김씨
    이다. 예종 때 관찰사, 형조참의, 부제학, 청송부사를 했다.

(5) 김종태 국회의원 생가: 낙동면 유곡리 673번지이다.

(6) 김효정: 낙동면 낙동리 산31번지이다.

(7) 고령가야 왕릉: 상주시 함창읍 증촌리 7번지로 함창 김씨의 시
    조이다. 신라 유리왕이다.

(8) 권달수 묘: 공검면 율곡리 산71번지이다. 벌명당이다.

(9) 권척: 상주시 공금면 율곡2리 능골로 안동 권씨이다. 고려 검
    교 대장군, 연산군 때 대사헌을 했다. 권척은 파조 10세손으로
    권찰도와 같은 문중이다. 잉어 명당이라고도 한다.

(10) 노수신: 상주시 화서면 사산리 286번지로 광주 노씨이다. 선
    조 때 이조판서, 대제학, 우의정, 영의정을 했다.

(11) 람계 표연말: 상주시 함창읍 대조2리 신좌이다. 신창 표씨이며
    문장가이고 도학자이다. 3대 문과 집안이다. 선고인 표계는 현
    감, 장남 표준은 감찰, 차남 표빙은 문과 장원으로 직제학과 도
    승지를 했다.

(12) 류우익 통일부 장관 생가: 중동면 우물리 1140번지이다.

(13) 류진 묘: 중동면 우물리 1102번지로 유성룡의 3남이다.

(14) 병암 고택: 외서면 우산리 112번지이다.

(15) 사벌왕릉: 상주시 사벌면 화달리 산44-1번지로 주인이 언제 누구의 능인지 의문이다.

(16) 수암종택: 상주시 중동면 우물리 1102번지 풍산 류씨로 우천 파 종택과 류성용 2째 아들 대감댁이 있다.

(17) 상주박씨 릉: 상주시 사벌면 화달리에 있다.

(18) 이강년: 상주시 화북면 입암리 산8번지로 전주 이씨이다. 고종 때 선전관, 동학농민항쟁 의병활동을 했다.

(19) 이전 묘: 모서면 삼포리이다.

(20) 의암 고택: 낙동면 운평리 141-1번지이다.

(21) 오작당 묘: 공검면 양정리 산54-1번지이다.

(22) 우복 종택: 외서면 우산리 193-2번지이다.

(23) 옥동서원: 상주시 모동면 수봉리 546번지로 방촌 황희(1363~1452) 선생의 영정을 봉안했다.

(24) 조익: 공검면 양정리 산5－1번지이다.

(25) 조언홍: 상주시 공금면 율곡2리 밤실로 창녕 조씨 17대손이
　　　　다. 선조 때 진사를 했다. 조계형은 창녕 조씨 16대손으로 승
　　　　정원 부승지 춘추관 수송관을 했다.

(26) 조정: 상주시 낙동면 승곡리 산54－1번지 양진당으로 풍양
　　　　조씨이다. 광해군 때 성절사 우의정을 했다.

(27) 정기룡: 상주시 사벌면 금혼리 산45－1번지로 곤양 정씨이다.
　　　　광해군 때 장군 판관, 경상우병사, 삼도통제사를 했다.

(28) 정경세: 상주시 공검면 부곡리 산531번지로 호가 우복이며
　　　　진주 정씨이다. 선조 때 의병, 경상도 관찰사, 우찬성을 했다.

(29) 정재수: 화서면 사산리 63번지이다.

(30) 정호 생가: 외서면 우산리 111－4번지이다. ㈜화신의 회장이다.

(31) 채수: 상주시 공금면 율곡리 산71번지로 인천 채씨이다. 중종
　　　　때 도승지, 대사헌 관찰사, 호조 참판을 했다. 곽존중, 조계권
　　　　의 묘가 있다.

(32) 태조왕릉: 함창읍 증촌리 7번지로 고령가야이다.

(33) 함창향교: 함창읍 교촌리 304－1번지이다.

(34) 흥암서원: 경북 상주시 연원동 769번지로 동춘 송준길 선생
　　　　을 기리는 서원이다.

9. 문경시–7개소

(1) 김원리: 문경시 영순면 말응리 숭모재로 상산 김씨이다. 전서 공파 입향조이다.

(2) 미이라: 문경시 산양면 연소리로 평산 신씨이다. 최진 부인의 미라는 문경시 영순면 의곡리 산73번지 도연 마을이다.

(3) 라은 신상철: 문경시 마성면 오천1리 오리골 마을의 앞산이다. 평산 신씨로 의흥현감, 안동판관, 증·이조판서를 했다. 아들인 항구는 현감, 승구는 대구 판관과 부사, 손자 후재는 예조참판, 후명은 공조, 호조, 형조 참판을 했다.

(4) 이강년 생가: 문경시 가은읍 완장리 129–6번지로 전주 이씨이다. 고종 때 선전관을 했다.

(5) 정탁: 문경시 동로면 생달리로 청주 정씨이다. 선조 때 서원부원군 좌의정, 영의정을 했다.

(6) 홍귀달: 문경시 영순면 율곡리 산5번지로 부계 홍씨이다. 성종

때 참판, 이조판서, 예문관 대제학을 했다.

(7) 황시간 종택: 문경시 산북면 대하리 460-6번지로 장수 황씨
이다. 세종 때 현감을 했다.

10. 경산시-16개소

(1) 가선대부 월성박공지묘: 경산시 용성면 매남리 1514번지이다.

(2) 김진원: 경산시 용성면 곡란동으로 덕원학원 이사장의 부모 묘이다.

(3) 김충신: 경산시 하양읍 남하1리로 청도 김씨들의 집성촌이다.

(4) 밀양 양씨 묘: 용성면 가척리 25번지에 위치하며 와혈이다. 5 악과 3성이 있고 후손들 중 교수가 4명이며 비교적 잘 되어 있는 곳이다.

(5) 박근손: 경산시 진량면 마구리 산23-7번지로 밀양 박씨이다. 입향조로 성균관 생원을 했다.

(6) 박순화: 경산시 진량면 신문리로 밀양 박씨이다. 신라섬유 회장의 장자이다.

(7) 박재호: 경산시 진량면 신문리로 밀양 박씨이다. 뒷산에 신라 섬유 박성영 회장의 부모 묘지가 있다.

(8) 박해정: 경산시 진량면 다문리 삼거리 좌측 산이다. 밀양 박씨로 경찰서장 국회의원, 교통부장관을 했다.

(9) 서보: 경산시 압량면 대구 한의대 앞 저수지 못 안으로 대구 서씨 중시조이다. 가정대부 통훈 대부를 했다.

(10) 선본사: 와촌면 강학리 5번지이다. 원효암이다.

(11) 이만춘: 경산시 하양읍 은호2리 집성촌으로 영천 이씨이다.

(12) 이영수: 경산시 와촌면 음양리로 성주 이씨이다. 대구극장, 불로막걸리 사장, 시네마 극장을 소유하고 있다.

(13) 윤영탁: 경산시 용성면 가척리에 부모묘가 있다. 국회의원이며 생가는 경산시 용성면 당리 10-3번지에 있다.

(14) 조리형국: 경산시 용성면 곡란동 앞산이 조리형국이다.

(15) 조혜녕: 경산군 화촌면 갓바위로 올라가다 주차장 입구에서
　　　원효암 쪽 뒷산이다. 창녕 조씨로 서울대 기획관리실장 내무
　　　장관, 총무처장관, 대구시장을 했다.

(16) 한순: 경산시 사동 등기소 남쪽 산으로 청주 한씨이다. 경산
　　　중시조로 조봉대부 군자감 직장을 했다.

11. 군위군－15개소

(1) 김석구: 군위읍 오곡리 943번지이다.

(2) 김 추기경 생가: 군위군 군위읍 용대리 238번지이다. 가톨릭
　　　공원 묘원 입구이다.

(3) 고축: 군위군 의흥면 파전리 뒷산으로 구봉 선생이 점지했다.
　　　하남지리학회 회원이다.

(4) 도운봉: 군위군 군위읍 사직2리 뒤 오른편 언덕길로 성주 도씨이다. 입향조로 고려 말 진사를 했다.

(5) 도하정: 군위군 효령면 성리 뒤쪽 포장길 정상이다. 성주 도씨이며 통정 대부를 했다.

(6) 문야당 의혈: 군위군 부계면 창평리 1412번지이다.

(7) 박무조: 우보면 나호리 942 – 1번지이다.

(8) 박세직: 군위군 군위읍 금구2리 동네 뒤로 밀양 박씨이며 육사
　　교관, 장관, 국회의원, 재향군인회회장을 했다. 증조부 묘이다.

(9) 박한남: 군위군 군위읍 금구1리 동네 뒷산이다. 밀양 박씨로 인조 때 대구 도호부사, 자헌대부, 병조판서를 했다.

(10) 유성용: 군위군 소보면 외량리 산10번지 풍산 유씨로 외가에 조부 묘가 있다. 연안 이씨 묘역이며 선조 때 영의정을 했다.

(11) 이려 묘: 소보면 봉황리 699번지이다.

(12) 이사형: 소보면 봉황리 산156번지이다.

(13) 장해빈: 군위군 군위읍 대북1리 산69번지 마을 앞에 절강 장씨 시조 묘이다. 병조참판을 했다.

(14) 홍로 생가: 군위군 부계면 대율리 858번지로 한밤 마을이다. 부림 홍씨로 홍란이 입향조이다. 경상북도 유형문화재 제262호이다.

(15) 홍로 묘: 산성면 백학리 산6번지이다. 삼영주유소 뒷산이다.

12. 의성군 − 23개소

(1) 강태원: 의성군 봉양읍 가천2리 못 안으로 진주 강씨이다. 강 재섭의 부, 조부모 묘로 부장검사, 국회의원, 당 대표를 했다.

(2) 김용비: 의성군 사곡면 토현리 602번지로 의성 김씨이며 9세 로 중시조이다. 고려 태자첨사 의성 고을원을 했다. 김성일, 김진, 김우옹 등이 있다.

(3) 김재원: 의성군 안평면 삼촌1리 구하령으로 양건 김씨이다. 행·사시 합격 국무조정실 사무관, 검사, 국회의원을 했다. 조부, 부모 묘가 마을 안에 있다.

(4) 금성산 고분군: 의성군 금성면 대리리, 학미리, 탑리리 일대이다. 5~6세기경으로 200여 개의 고분군이 있다.

(5) 나천서: 의성군 안계면 안정1리로 안정 라씨의 시조이다. 고려 문화시중을 했다.

(6) 류이안: 의성군 안평면 석탑2리 달박골로 문화 류씨이다. 예조 때 정랑 통훈대부를 했다.

(7) 박효문 묘: 단밀면 생송리 산110번지이다. 박신생의 묘도 있다.

(8) 비안향교: 안계면 교촌리 285번지이다.

(9) 사촌 마을: 의성군 점곡면 사촌리로 안동 김씨 집성촌이다. 고려 김방경의 후손 김자첨이 입향했다. 마을의 비보 숲이다.

(10) 성이장: 의성군 단밀면 생송리로 창녕 성씨이다. 중시조의 묘로 성사랑을 했다.

(11) 신진욱: 의성군 봉양면 구산리 탑산온천 옆으로 국도에서 재실이 보인다. 협성재단 이사장, 국회의원을 했으며 부, 조부, 증조, 고조 묘가 있다. 길지로 평가된다.

(12) 이정오: 의성군 안평면 창길3리로 재령 이씨이다. 과학기술진흥재단이사장, 과학기술처 장관이 배출됐다.

(13) 이학동: 의성군 봉양면 신평리 산78번지로 이경정의 묘이다. 영천 이씨 입향조이다. 관찰사, 좌승지를 했다.

(14) 영귀정: 의성군 점곡면 사촌리 319번지로 비보 숲이 있다. 안
　　　동 김씨로 유성룡의 외증조부이다.

(15) 오국영: 의성군 의성읍 상리 보수반 우측 안길로 해주 오씨이
　　　다. 오탁근 장관의 조부 묘지이다.

(16) 오국화: 의성군 의성읍 업리 우곡마을로 뒤쪽 임도 따라 가면
　　　된다. 해주 오씨로 고려 말 관찰사를 했다.

(17) 오치목: 의성군 안평면 신월동으로 5대 조부모, 고조 묘가 있

다. 해주 오씨로 오거돈 해양수산부 장관이 나고 동네 건너 증조부 오치목과 고조 모 밀양 박씨, 5대 조모 묘가 동네 뒷산 능선 위에 있다.

(18) 우홍서: 의성군 안계면 안정2리 한우 축사 우측 변전소 뒤로, 단양 우씨이다.

(19) 운곡 묘: 춘산면 옥정리 529-1번지이다.

(20) 위루사관: 의성군 안계면 토매3리 개천지 못 위에 있다. 15세로 입향조이다.

(21) 장성발 묘: 점곡면 사촌리 529-1번지이다.

(22) 장시구 묘: 안계면 도덕리 459번지이다.

(23) 장영태 묘: 춘산면 옥정리 1315번지이다.

13. 청송군-10개소

(1) 김한경: 청송군 현서면 도리 419번지로 의성 김씨이다. 중종정국공신, 지중추부사를 했다.

(2) 식당: 안덕면 신성리 181번지 초가집 한정식 식당이다.

(3) 신한태: 청송군 파천면 증평리 376번지로 민속 마을이며 평산 신씨이다.

(4) 심홍부: 청송 심씨로 시조이다. 8대 명당이라 한다. 고려 충의백 문하시중 중흥 공신이다.

(5) 심온: 청송군 청송읍 덕동 산33번지로 청송 심씨이다. 세종의
    장인으로 호·이조판서, 영의정을 했다. 후손으로 부마가 4명,
    정승이 13명, 왕비가 3명이 났다.

(6) 심호택 고택: 청송군 파천면 덕천리 176번지 청송 심씨로 송
소 고택이다.

(7) 성천고택: 청송읍 청원리 1346번지이다.

(8) 이석: 청송군 파천면 신기2리 421번지로 진성 이씨이다. 고려
때 사마시 아전, 이퇴계의 6대조이다.

(9) 이응봉 묘: 현동면 창양리 산216번지이다. 현동중학교 설립자이다.

(10) 찬경루: 청송군 청송읍 월막리 373번지이다.

14. 영양군 - 8개소

(1) 김도현: 영양군 청기면 상청1리 298번지로 금녕 김씨이다. 고
종 때 애국지사로 김문기의 15대손이다.

(2) 김두행: 영양군 석보면 소계리 318번지로 금녕 김씨이다. 영조

때 첨지중추부사를 했다. 오류정 종택은 도연명을 보고 건립했다.

(3) 남민: 영양군 영양읍 도항동으로 영양 남씨이다. 신라 경덕왕
때 영의정을 했다.

(4) 남자현: 영양군 석보면 지경리로 영양 남씨이다. 고종 때 통정
대부 정한공이다.

(5) 이현일: 영양군 석보면 원리동 306번지로 재령 이씨이다. 선조
때 성리학자로 이조판서를 했다.

(6) 정영방: 영양군 입암면 연당1리로 광해군 때 성리학자로 정경
세의 문하생이다.

(7) 주실마을: 영양군 일월면 주곡리로 한양 조씨들의 집성촌이다.
조정형이 입향조이다.

(8) 조덕린 생가: 영양군 일월면 주곡리 189번지로 한양 조씨이다.
숙종 때 교리, 동부승지를 했다.

15. 영덕군-9개소

(1) 남봉익 고가: 영덕군 영해면 괴시리 333번지로 영양 남씨이다.
현종 때 문과급제, 형조좌랑을 했다.

(2) 박세순 종택: 영덕군 영해면 원구리로 무안 박씨이다.

(3) 박의장 고택: 영덕군 장수면 수리 454번지로 무안 박씨이다. 선
조 때 선무원 일등공신 주부, 현감, 경주판관, 중종 때 건립했다.

(4) 삼성수목원: 영덕군 병곡면 영1리로 칠보산 아래이다. 삼성 그
룹의 수목원이다.

(5) 신돌석 생가: 영덕군 축산면 도곡리로 고종 때 을사보호조약

후 영남 의병장이 되었다.

(6) 이색 생가: 영덕군 영해읍 괴시1리로 한상 이씨이다. 고려 공민왕 때 서장관 대제학 대사성, 문하시중, 성리학자이다.

(7) 이현일: 영덕군 창수면 인양리 412−1번지로 재령 이씨이다. 숙종 때 성리학자로 이조판서, 대사헌을 했다.

(8) 전통마을: 영덕군 창수면 인량리 마을로 안동 권씨, 선산 김씨, 영양 남씨, 함양 박씨, 재령 이씨의 5대 명문가로 8종가촌이다.

(9) 흉가집: 영덕군 남정면 부경리 39−1번지로 귀신 나오는 집으로 소문이 자자하다.

16. 청도군−15개소

(1) 곽예순: 청도군 각남면 녹명리 산10번지로 현풍 곽씨이다. 곽병원 원장, 의학박사로 곽씨들 문중 묘역이다.

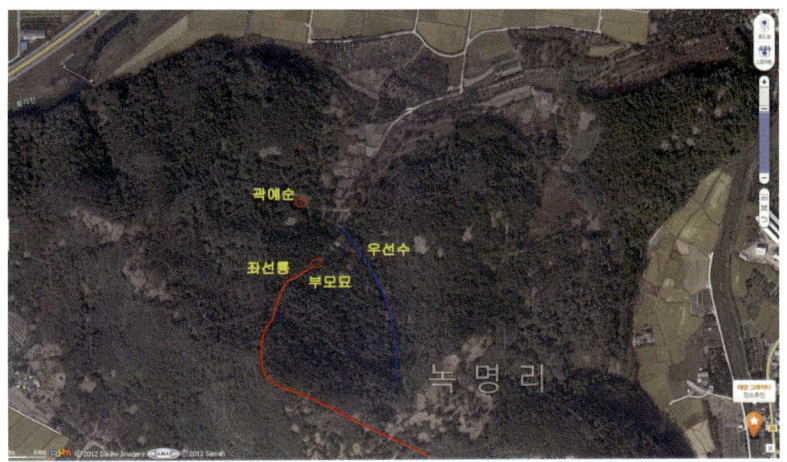

(2) 김극일: 청도군 각북면 명대1리로 김해 김씨이다. 세종 때 벼슬에 뜻이 없어 학문에 정진했다.

(3) 김대유: 청도군 매전면 금곡리 삼족당 위쪽 제실 뒤이다. 김해 김씨로 중종 때 호조좌랑, 현감을 했다.

(4) 김익배: 청도군 각북면 명대1리로 김해 김씨이다. 참봉을 했다. 호화 분묘이다.

(5) 김일준: 청도군 금천면 임당리로 조선시대 16대 내시 가계를 형성했다.

(6) 김이 솟은 곳: 청도군 이서면 금촌동 낚시터의 창고 건물 뒤로 김이 솟아 올라간다.

(7) 김영동: 청도군 매전면 남양 1동 골마로 서흥 김씨이다. 면장, 법무사(1남 – 교장, 2남 – 서기관, 3남 – 법무차관 헌법재판관)를 했다.

(8) 떡절(주구산): 청도군 화양읍 소라리 떡사로 지금은 덕사라 한
다. 개가 달아나는 것을 막기 위해 떡을 앞에 놓아준 사실이다.

(9) 박효수: 청도군 이서면 신촌리로 밀양 박씨이다.

(10) 이교: 청도군 청도읍 유호2리로 고성 이씨이다. 공조판서, 가
선대부를 했다.

(11) 이병업: 청도군 각남면 상대곡으로 경산 이씨이다. 이의근 경
북지사의 5대부터 8대의 선영이다. 부모, 조부모 묘는 아래
청룡줄기에 있다.

(12) 이육: 청도군 화양면 유등1리로 연꽃 저수지 부근이다. 고성
이씨이다. 통운대부 찰방을 했고 청도 입향조이다.

(13) 이영창: 청도군 매전면 명대리로 유천 쪽 고개 넘어 있다. 경
찰청장, 국회의원을 했다. 부모, 고조, 증조부 묘가 있다.

(14) 영헌공: 청도군 매전면 상리 271번지로 청도 김씨 시조 묘이다.
고려 고종 때 안찰사를 했다. 겸혈이라 할까.

(15) 최진민: 청도군 각남면 일곡리 마을 뒷산으로 경주 최씨이다. 귀뚜라미보일러 사장의 조부, 증조, 고조 선영이다. 최진해의 부모는 고개 넘어 있다.

17. 고령군―18개소

(1) 기계 유씨 입향조 주박기계유공덕주(主薄杞溪兪公諱德珠): 고령 군 고령읍 장기리 산 24번지로 유득주의 묘이다. 산곡의 대돌 로 돌혈이다. 우선룡이다.

(2) 김사장: 고령군 성산면 대흥리로 김해 김씨이다. 구봉 이원주 선생이 점지했다.
(3) 김득남: 고령군 쌍림면 신곡동으로 고령 김씨 시조이다. 고령 충혜왕 때 진사, 공민왕 문화평리 고양부원군을 했다. 경주 김 씨에서 분적됐다.

(4) 김면 장군 묘: 쌍림면 고곡리 산23-4번지이다.

(5) 김병식 묘: 쌍림면 합가리 산194-1번지이다. 김종직의 종손이다.

(6) 김종직 종택: 고령군 쌍림면 합가리 84번지 개실 마을로 선산 김씨이다. 문충공파이다. 성종 때 도승지 형조판서를 했다.

(7) 김해 김씨 김재찬의 묘: 고령 쌍림 산주길 45번지 산주리 마을 안에 있다. 고령 신씨 8대 명당 가는 길의 동네이다. 활와와 천와의 와혈로 증손자가 경감으로 정년을 했다.

(8) 대호군 묘: 고령읍 내성리 성주 이씨이다.

(9) 시문용: 고령군 수륜면 보월리로 절강 시씨 시조로 명나라 장수이다. 선조 임진왜란 때 7년 전공으로 병조판서이다.

(10) 신성용: 고령군 쌍림면 산주길 45번지로 고령 신씨이다. 8대 명당이라 한다. 후손은 신숙주, 신윤복, 신채호가 있다. 경유 좌로 J자 전순이 있고 와혈이다.

(11) 송익필 묘: 다산면 월성리 산567번지이다. 정혈이다.

(12) 승엄공: 덕곡면 반성리 741번지이다. 성주 이씨이다.

(13) 이조년 묘: 운수면 대평리 897번지이다.

(14) 오운 종택: 고령군 쌍림면 송림리 101번지로 죽유 선생의 종택이다.

(15) 유연: 고령군 고령읍 장기리 솟진 마을 뒷산으로 기계 유씨 2세이다. 좌찬성을 했다.

(16) 윤파평: 고령군 다산면 벌지리로 파평 윤씨이다. 자헌대부, 이조판서를 했다.

(17) 장두원: 고령군 다산면 벌지리로 옛 부족국가 시대의 왕족 무덤의 파묘 터이다.

(18) 차한성 판사 생가: 성산면 오곡리 597번지이다.

18. 성주군−33개소

(1) 길조암: 용암면 본리리 471번지이다.

(2) 김건영 군수 묘: 월항면 대산리 율미리에 있다.

(3) 김창숙 생가: 성주군 대가면 칠봉리 504번지로 의성 김씨이다.
고종 때 독립운동을 했으며 상해임시정부 부의장, 국회의원으
로 김우홍의 후손이다. 성균관 대학을 설립했다.

(4) 경수당: 성주군 벽진면 수촌리로 벽진 이씨의 발상지이다. 고
려 때 대제학을 했다.

(5) 개인 민묘: 성주 선남면 동암리 182번지로 성명미상의 묘이다.
평양지 소돌의 돌혈이며 우선룡이다. 5악과 3성이 있다. 후손
이 판사이며 잘 되어 있다.

(6) 광평군의 묘: 성주군 월항면 안포리 455번지로 성산 이씨 시
조이다.

(7) 권희맹 부인 묘: 선남면 문방2리 299번지이다.

(8) 도경기의 묘: 성주 벽진면 외기리 마을 건너 산에 있다. 5악과
3성이 있다. 와혈이다.

(9) 도산서당: 선남면 문방리 511번지이다.

(10) 도원록 가옥: 벽진면 운정2리 256−1번지에 위치한다. 연락
처는 011−824−4428번이다. 와혈의 양택이다. 혈증(5악)이
있는 집으로 물을 거수한다. 그 집의 아들이 담배인삼공사
이사와 건설업계의 중역이다.

(11) 박정희: 성주군 선남면 성원리 산61번지로 고령 박씨이다. 박

대통령의 원 고향으로 증조는 박이찬, 고조는 박세형, 현조는 박명홍으로 밑에서 위로 일렬종대로 되어 있다. 고조 묘가 주목된다.

(12) 벽진 장군 묘: 벽진면 외기리 959번지이다.

(13) 벽진중학교: 벽진면 소재지 북쪽 언덕에 위치한다. 청룡국세의 양기를 가진 학교이다.

(14) 서한: 성주군 용암면 문명리 산70번지로 절강 서씨 시조이다. 선조 때 중국에서 정유재란 때 공이 있었다.

(15) 시문용: 성주군 수륜면 보월리로 절강 시씨 시조이다. 정인홍과 왕실 풍수를 다루어 경희궁을 점지했다.

(16) 세종대왕 태봉: 성주군 월향면 인촌리 산8번지로 세종의 적서 18왕자와 왕손 단종 등 20기가 있다. 원래 이장경 문열공의 묘가 있었다.

(17) 이씨의 민묘: 성주군 선남면 관화리 산42-4번지로 석담농원

뒷산의 개인 민묘이다. 지금의 좌는 을진인데 손사를 해야 한
다. 좌선룡이며 산곡돌로 소돌의 돌혈이다.

(18) 이능일: 성주읍 경상동 성주여고 동편으로 성산 이씨의 시조
이다. 고려 왕건의 개국벽산 공신이다.

(19) 이숭인: 성주군 용암면 본리리 산71－1번지로 성주 이씨이다.
고려 공민왕 때 밀직사, 예문관, 대제학을 했다.

(20) 이우 부인 광주 김씨 묘: 선남면 문방리 산134번지이다.

(21) 이조년 묘: 선남면 명포리 산4번지이다.

(22) 이장경 묘: 성주군 대가면 옥화리로 성주 이씨 시조이다. 고
려 고종 때 호장으로 중국서 농서군공을 했다.

(23) 이충언: 성주군 벽진면 강 건너 벽진 이씨의 시조이다. 신라
벽진 태수이며 고려 삼중대광 벽진 장군이다.

(24) 이태근 선영: 선남면 문방리 361－2번지이다.

(25) 오정미 묘: 용암면 덕평리 산16－2번지이다.

(26) 조병환: 성주군 성주읍 숭왜리 신안 주씨이다. 주진우 국회의
     원, 사조산업의 대표로 종조부이다.

(27) 장현광 증조부 묘: 초전면 월곡리 657번지이다.

(28) 정구: 성주군 성주읍 금산리로 청주 이씨이다. 호가 한강으로
     광해군 때 목사, 부사, 대사헌 후 영의정을 했다.

(29) 지장사: 용암면 덕평리 산99번지이다.

(30) 판검사 마을: 수륜면 법산리 마을이다.

(31) 한개 마을: 성주군 월항면 대산리로 성산 이씨의 집성촌이다.

(32) 한만손: 성주군 벽진면 사암리로 청주 한씨이다. 성종 때 종
     사관 경차관 현령, 가선대부, 병마절도사를 했다.

(33) 해망 묘: 용암면 상신리 산123번지이다. 단양 우씨이다.

19. 칠곡군 - 14개소

(1) 김복동 선고비 묘: 동명면 가천리 산51 - 1번지로 고속도로 동명휴게소 뒷산이다.

(2) 김향란 박사 묘: 지천면 낙산리 산209번지이다.

(3) 동래정씨 묘: 칠곡군 지천면 용산리 572번지이다.

(4) 박영규: 칠곡군 약목면 관남동에서 구미 상모동으로 이장했다.

(5) 삼촌: 칠곡군 지천면 신동 웃갈 마을로 총리, 장관, 총장, 과학자, 현 협회장, 교수, 판·검사 등 인물이 많다. 유성룡의 하회마을, 이언적의 양동마을, 이윤우의 웃갈 마을이 삼촌이다.

(6) 신성 묘: 북삼읍 숭오리 산35번지이다.

(7) 신우덕 묘: 북삼읍 숭오리 172번지이다.

(8) 신유: 칠곡군 약목면 남계리 산21 - 1번지로 효종 때 장군으로

선전관 혜산첨사, 병마사를 했다. 신혁확 전 국무총리의 선대 묘이다.

(9) 이동유: 칠곡군 해은고택 왜관읍 매원리 341번지로 정조 때 사람이다.

(10) 이만운: 칠곡군 왜관읍 석전리 580-2번지로 묵헌이 완성했으며 광주 이씨이다.

(11) 이수성 국무총리 선대 묘지: 경상북도 칠곡군 지천면 심천리 76-3번지로 광주 이씨이다.

(12) 이지: 칠곡군 지천면 주봉산으로 광주 이씨 칠곡파이다. 중종 때 승사랑, 부친은 이극견으로 성주목사를 했다.

(13) 장계: 칠곡군 인동 발영전의 인동 장씨이다. 직제학을 했다.

(14) 전적기념관: 칠곡군 가산면 다부리 292번지에 있다.

20. 예천군 - 19개소

(1) 김도: 예천군 보문면 미호리로 호조참판, 동지의금부부사, 가선대부를 했다.

(2) 금당실 마을: 예천군 용문면 상금곡리로 십승지지이다. 조선 태조가 도읍지로 예정하여 반서울이라 했다.

(3) 권군보: 예천군 예천읍 통명리로 예천 권씨이다. 고려 공민왕 때 중서문하성 주서, 영해부사, 영해공 후 이조판서를 했다.

(4) 권오상(權五常): 예천군 용문면 죽림리 166 - 2번지로 예천 권씨이다. 세조 때 대구부사를 했다.

(5) 반송재 고택: 용문면 상금곡리 462번지이다. 656번지에 금곡 서원이 있다.

(6) 백송리: 예천군 호명면 백송리로 송시열과 유능 진성 이씨들 의 집성촌이다. 장수 마을이다.[23]

(7) 석송령: 예천군 감천면 천향리 804번지로 세금을 내는 소나무 이다.

(8) 안세영: 예천군 보문면 우래리 505－1번지로 조부 묘와 양택 이 좋다. 아들은 판검사 근무와 딸은 중앙부처 근무, 며느리도 행시자이다.

(9) 이열도 묘: 호명면 백송리 산5－2번지이다.

(10) 의녕(宜寧) 여상규(余尚珪)국봉대부행해미현감(朝奉大夫行海美縣監): 예천군 보문면 승본리 440－1번지에 있다.

23) 백제권, 「장수마을의 풍수에 관한 연구」, 동방대학원대학교 박사논문, 2012. 이 논문이 참고된다.

(11) 익장 마을: 예천군 지보면 도장리로 동래 정씨 집성촌이다.

(12) 예천향교: 예천군 예천읍 백전리 199－1번지이다.

(13) 장진(통정대부 모암 장진 묘): 예천군 지보면 마전리 776－4
번지이다.

(14) 정사: 예천군 지보면 도장리 익장마을로 동래 정씨이다. 성종 때 직제학·목사, 중종 때 좌찬성 부원군을 했다. 정승이 13 명 등 많다. 전국 8대 명당의 하나이다. 정요빈 묘의 자손은 고법원장, 대학교수, 고급공무원으로 정씨 가문의 양대 묘로 본다.

(15) 정구령: 지보면 마산리 629－2번지로 동래 정씨이다. 정사 선생의 부이다. 현감 때 이조판서 정사의 형인 정옹은 문관 수찬으로 예천군 풍양면 청곡리 완담 서원 뒷산이다. 정사 선생의 모는 구담초등 좌측 들판 건너에 석물이 없다.

(16) 정승원: 예천군 지보면 만화2리 산64-1번지로 만화봉 아래
　　　동래 정씨이다. 정사 선생 증조부로 고려 예문응교, 그 아래
　　　묘지는 현손자이다.

(17) 정해(鄭諧): 예천군 지보면 신풍2리 1263번지로 피악골 경로
당 뒤 영모제 뒤이다. 동래 정씨이다. 정사 선생의 조부이다.

(18) 초간정 종택: 용문면 죽림리 166번지로 예천 권씨이다.

(19) 회룡포: 예천군 용궁면 내성천 의성포 마을의 행주형이다.

21. 봉화군 - 7개소

(1) 권벌 고택: 봉화군 봉화읍 유곡리 산131번지로 닭실 마을이며
안동 권씨이다. 중종 때 지중추부사, 예조판서, 지의금부사 후
에 좌의정을 했다.

(2) 김건수 고택: 봉화군 봉화읍 해저리 738 - 1번지로 의성 김씨
이다. 고종 때 독립운동가로 참봉, 현감, 좌랑, 지평 응교, 우부
승지를 했다.

(3) 김성구: 봉화군 봉화읍 해저리 734번지로 의성 김씨이다. 현종

때 현감, 수찬, 부승지, 정언 목사, 관찰사, 대사성 청백리이다. 팔오천 종택은 김성구가 건립했다.

(4) 김륵: 봉화군 상운면 가곡리로 예안 김씨이다. 선조 때 형조참판, 대사헌·도승지, 이조참판 후 이조판서를 했다.

(5) 남사고 모친묘: 봉화군 상운면 가곡2리 마을 뒷산으로 의령 남씨이다. 선조 때 역학·풍수·천문·복서·상법 전문가이다.

(6) 사고지: 봉화군 춘양면 석현리 산126-5번지로 조선 선조 1606년에 건립했다.

(7) 성이성: 봉화군 물야면 가평리 301번지 이몽룡 생가로 창녕 성씨 집성촌이며 종택이다. 광해군 때 부사, 부제학을 했다.

22. 울진군-12개소

(1) 구대림 장군 묘: 서면 황보리 산36-2번지이다. 평해 구씨 시조이다.

(2) 김중권 생가: 울진군 평해읍 월송1리 775-51번지로 경주 김씨이다. 판사, 국회의원, 새천년민주당대표 대통령 비서실장을 했다. 부모 묘는 평해중학교 맞은편 산에 있다.

(3) 남사고: 울진군 근남면 구산4리로 의령 남씨이다. 명종 때 예언자 천문·풍수·복서·상법·비결 등 다양했다. 생가는 근남면 수곡리에 있다.

(4) 남희백: 울진군 근남면 수곡리로 남사고의 어른이다. 남구만의 9대조로 구천 십장했다.

(5) 망양정: 울진군 근남면 산포리로 고려 때 건립됐다.

(6) 손석우 생가: 서면 하원리 122번지이다.

(7) 윤시형: 울진군 근남면 금내2리로 파평 윤씨이다.

(8) 윤관수 고택: 울진군 원남면 매화리 633번지로 최촌 마을이며 강릉 최씨이다.

(9) 월송정: 울진군 평해읍 월송리 362번지로 관동팔경이다.

(10) 주호영: 울진군 울진읍 읍내4리로 신안 주씨이다. 변호사, 국회의원을 했다.

(11) 해월헌 종택: 기성면 사동리 433번지이다.

(12) 황여일 종택: 울진군 기성면 사동리 433번지로 평해 황씨이다. 광해군 때 사신사, 참판, 아들 중윤 동명은 승지를 했다.

23. 울릉군 - 2개소

(1) 너와 투막집: 울릉군 북면 나리 111-1번지에 있다.

(2) 약수공원: 울릉군 도동리 산12-5번지로 피부병, 생리장애에 좋다.

경상남도

　경상도를 라학천은 사람에 대응하여 다리라 하였고, 동물로는 돼
지우리 모양의 저책형(猪柵形)이라 하였으며, 성상을 우순질신(愚順質
信)이라 하였다. 이중환은 풍속질실(風俗質實)이라 하였고, 윤행임은
태산교악(泰山喬嶽)이라 하여 대조되게 비교하였다. 경상남도는 20개
시군 150개소에 산재되어 있다.

1. 창원시－11개소

　(1) 김달진 생가 및 선대묘: 창원시 진해구 소사동 48번지에 있다.

(2) 민주묘지: 창원시 마산회원구 구암동 산92번지로 1960년 3·
15 민주묘지이다.

(3) 이승만: 창원시 진해구 현동 72번지로 해군 8621부대 영내의
대통령 별장이다.

(4) 이원수: 창원시 의창구 서상동 산60번지로 고종 때 아동문학
가, 동화작가, 한국문인협회 창립회장이다.

(5) 유주암: 창원시 진해구 용원동 222번지로 가락국 김수로왕의
왕비 허씨이다.

(6) 장지연: 창원시 마산합포구 현동 631-2번지로 인동 장씨이다.
고종 때 우국지사로, 만민공동회를 조직하고, 황성신문을 창간
했다.

(7) 진해구청: 창원시 진해구 풍호동 1번지에 있다.

(8) 제말: 창원시 마산합포구 진동면 다구리 산66-2번지로 고성

제씨이다. 선조 임진왜란 때 의병장이며 성주목사, 충의공 후 병조판서를 했다.

(9) 최운해 생가: 창원시 의창구 북면 내원리로 통천 최씨이며 고려 말 밀직부사, 조선 때 병마판서를 했다. 경주 최씨서 분적했다.

(10) 최윤덕: 창원시 의창구 북면 내곡리 1096번지로 통천 최씨이다. 세종 때 우찬성 좌의정을 했다. 묘는 최운해 묘 아래에 있다.

(11) 황시헌: 창원시 의창구 서상동 남산 서남쪽으로 회산 황씨이다. 선조 때 공조장랑을 했다.

2. 진주시─21개소

(1) 강수명 묘: 진주시 명석면 우수리 166번지로 진주 강씨이다. 태종 때 개성유수이며 숙부인은 하동 정씨이다.

(2) 강이식: 진주시 상봉동 대봉산 아래 집성촌으로 진주 강씨의 시조이다. 고구려 병마도원수를 했다.

(3) 강병중 성장지: 이반성면 길성리 855번지로 넥센타이어 회장이다. 묘는 용암리 646─1번지에 있다.

(4) 강호동 생가: 이반성면 길성리 832번지이다.

(5) 광제서원: 명석면 계원리 543번지이다.

(6) 구인회 생가 부자동네: 진주시 지수면 압사리 1065번지 송정초등학교 주변으로 면소재지이다. 조부모 묘는 진주시 지수면 압사리 1378번지로 위쪽 국도 다리 밑으로 들어가 안골 좌측에 있는 산이다.

(7) 박헌경 고택: 명석면 용석리 44-2번지이다.

(8) 승한지 묘: 대곡면 유곡리 573-2번지이다.

(9) 은헌 고택: 이반성면 평촌리 210번지이다.

(10) 진주향교: 옥봉동 232-1번지이다.

(11) 정량 묘: 평거동 산 44-2번지이다.

(12) 정신중: 진주시 상대동 산3-2번지로 고려 충숙왕 때 의정부 찬성사, 숭정대부를 했다.

(13) 정윤화: 진주시 평거동 산44-2번지에 있다.

(14) 정태수 선영: 대곡면 유곡리 산180-1번지이다.

(15) 코끼리 석상: 진주시 대곡면 가정리 증촌 마을에 있다. 오수 부동격의 형국으로 호랑이, 코끼리, 쥐, 고양이, 개가 있다.

(16) 하경복: 진주시 수곡면 원계리 산59번지로 진주 하씨이다. 태 종 때 병마절제사, 판중추원사를 했다.

(17) 하경완 묘: 대곡면 단목리 산37번지이다. 대곡 소공원이며 재 일교포 선영이다.

(18) 하륜: 진주시 미천면 오방리 산166-45번지로 진주 하씨이다. 태종 때 관찰사, 우의정, 영의정부사를 했다.

(19) 하현: 진주시 수곡면 효자리로 진양 하씨이다. 태종 때 사온 서직장을 했다.

(20) 허준구 생가: 진주시 지수면 승산리 200번지로 김해 허씨이 다. 럭키금성그룹 회장이었다.

(21) 홍의: 진주시 명석면 계원리 산164번지로 남양 홍씨이다. 고 려 은청광록대부를 했다.

3. 통영시 - 5개소

(1) 미래사: 통영시 산양읍 신전리로 박경리의 묘지도 있다.

(2) 박경리 기념관: 산양읍 신전리 1429-9번지이다.

(3) 염언상: 정량동 162-19번지로 파주 염씨이다. 명종 때 선무원 공신 의병장을 했다.

(4) 착량묘: 충무시 명정동 통영 충렬사 착량 언덕으로, 선조 때 이순신 장군 노량해전에서 순국했다.

(5) 충렬사: 통영시 명정동 213번지로 선조 임진왜란 때 이충무공의 위폐를 봉안한 사당이다.

4. 사천시 - 7개소

(1) 강기갑 생가: 사천읍 장전리 507번지로 국회의원이다.

(2) 김두관 생가: 고현면 이어리 남해대로 3100번 가길 6-11로 경남지사를 했다.

(3) 사천향교: 사천읍 선인리 119번지로 세종 때 공자·안자·자사·증자·맹자와 조선 10현을 모신 곳이다.

(4) 어모장군: 곤양면 환덕리 484번지로 조은복의 묘지이다.

(5) 조용헌: 사천시 곤양면 한덕리 569번지로 함안 조씨 덕곡파 11대손이다. 고종 1895년에 건립했다.

(6) 태실지: 사천시 곤명면 은사리 산27번지로 세종대왕태실지이다. 최연국의 묘가 있다. 경기도 양주로 이전했다.

(7) 최연국 묘: 곤명면 은사리 산27번지이다. 친일파이다.

5. 김해시-4개소

(1) 김수로 왕: 김해시 회현동 북쪽이다. 왕비 허씨 능은 구산동 120번지에 있다.

(2) 노무현: 김해시 진영읍 봉화리 봉화산 아래로 광주 노씨이다. 증조부는 마을 건너 감밭이고 부모 묘는 마을 왼쪽에 있다.

(3) 노한석: 김해시 상동면 묵방리 소란식당 뒷산으로 광주 노씨
이다. 숙종 때 이조판서, 자헌대부를 했다.

(4) 사충단: 김해시 동산동 161번지로 고종 때 건립했다.

6. 밀양시-20개소

(1) 구묘터: 밀양시 산동면 매화리 산동 다리에서 좌회전하여 고
    성리 지나 동네 뒷산 우측이다.

(2) 김종직 묘: 밀양시 부북면 제대리 산28-2번지 한골 마을로
    예림서원이다. 선산 김씨로 성종 때 형조판서를 했다.

(3) 김종직 생가: 부복면 제대리 701번지이다.

(4) 김태허 묘: 하남읍 대사리 218번지이다.

(5) 문재인 대선 후보 출생지: 거제시 거제면 명진리 694-1번지
    이며, 부의 선영은 양산시 상북면 상삼리 산8-4번지이다. 천
    주교 하늘공원묘원으로 표지석은 8-11이고, 남평 문씨 남용
    형 묘지로 되어 있다. 현 거주는 양산시 매곡동 30번지 웅산아
    트센터 건물 위에 있다. 3군데 다 명당일까.

(6) 박곤 생가 어변당: 밀양시 무안면 연상리로 조선 초 무신장군 동지사, 중국칙사를 물리쳤다.

(7) 박익: 밀양시 청도면 고법리 화왕산 아래로 밀양 박씨이다. 고려 공민왕 때 예부시랑 중서랑, 태조 때 좌의정을 했다.

(8) 박연차 선영: 밀양시 상동면 도곡리 산913번지 밀양 박씨로 고조부 묘가 있다. 태광실업회장을 했다.

(9) 박연차 생가: 산외면 엄광리 127번지이다.

(10) 박화석 묘: 밀양시 산동면 솔방리 신불사로 밀양 박씨이다. 태광산업의 창사자로 박연차 회장의 부모이다.

(11) 사명대사 생가: 밀양시 무안면 고라리 399번지이다. 선조 때 의병장으로 증조부는 임효곤으로 대구수령, 조부는 강계부사를 했다.

(12) 손유호: 밀양시 초동면 봉황리 272－1번지로 밀양 손씨이다. 연산군 때 선략장군을 했다.

(13) 안철수 대선 후보 출생지: 내일동 142번지 밀양시장 내 향촌 갈비집이다. 성장지는 부산시 부산진구 범천동 119－45 범천의원이고 조부모의 묘는 기장군 정관면 용수리 산115－4번지 대정공원묘역으로 표지석 번호는 35－562,563이다.

(14) 조광익 묘: 초동면 오방리 산4번지이다.

(15) 의첨재: 밀양시 부북면 오례리로 광해군 때 이선지의 재사이다.

(16) 예림서원: 부북면 후사포리 179번지이다.

(17) 조광익: 밀양시 초동면 오방동으로 창녕 조씨이다. 선조 때 형조정랑 도사, 사헌부감찰을 했다.

(18) 천산 장씨: 밀양시 부북면 오례리로 마을 백호 중앙 입구에서 보인다.

(19) 표충사: 단장면 구천리 23번지이다.

(20) 혜산서원: 산외면 다죽리 607번지이다.

7. 거제시 – 6개소

(1) 김영삼 생가: 거제시 장목면 외포리로 대게 마을 앞이다. 조부모와 부모 묘는 생가 건너에 있다.

(2) 거제향교: 거제읍 서정리 626번지이다.

(3) 문재인 출생지: 거제시 거제읍 명진리 694-1번지 소재지로 논 한가운데 위치로 산을 쳐다보고 있다.

(4) 반부 묘: 장승포읍 아주리로 거제 반씨 시조이다.

(5) 유치환 생가: 둔덕면 방하리 507-5번지이다.

(6) 포로수용소: 거제시 고현동 362번지로 양정지구 인민군 15만, 중공군 2만이었다.

8. 양산시-6개소

(1) 고분군: 양산시 신기동 산29번지로 가야·신라 시대 문화를 연구하는 데 중요하다. 30여 기가 있다.

(2) 안근: 양산시 상북면 대석리 산87번지로 경주 안씨이다. 부는 안시명이다. 선조 임진왜란 때 전공 주부, 선무원 공신을 했다.

(3) 안시명: 양산시 상북면 소석리 산42-2번지로 경주 안씨이다. 선조 때 임란 의병 훈련주부, 장사랑을 했다.

(4) 안이명: 양산시 대석리 산87번지로 선조 임진왜란 때 백호장군, 당포만호 훈련원정, 가리포첨사를 했다. 안시명과 함께 의병을 했다.

(5) 이수생: 양산시 동면 가산리 산64번지로 순조 때 참봉, 훈련원첨정, 곽재우 휘하 장수였다.

(6) 청도 김씨: 양산시 후포역 지하철 종점 기산마을 뒷산으로 괴혈지이다.

9. 의령군 - 15개소

(1) 구인회 생가: 진주시 지수면 성내리 상동 마을 면소재지로 LG그룹 회장이다. 증조부모 묘소는 의령군 정곡면 중교리 문곡마을 726번지이다.

(2) 고분군: 의령군 의령읍 중동리 산6번지이다.

(3) 곽재우 생가: 의령군 유곡면 세간리로 현풍 곽씨이다. 선조 때 문과급제, 홍의를 입고 왜병과 전투했다.

(4) 남군보: 의령군 의령읍 서동리 393번지로 고려 통헌대부, 추밀원 부사를 했다.

(5) 마장군: 의령군 가례면 대천리 마을로 입구에 말 석상이 있다.

(6) 안희제 생가: 의령군 부림면 입산리 168번지로 고종 때 민족지도자, 독립운동가이다.

(7) 이병철: 의령군 유곡면 마무리 산11번지에 증조부모 묘소가 있

다. 삼성그룹 회장이다. 생가는 의령군 정곡면 중교리 장내 마을이다.

(8) 이병철 생가: 정곡면 중교리 723번지이다.

(9) 이석희 생가: 의령군 정곡면 오방리로 4형제 고시합격으로 호영은 행정, 오영은 사법, 두영은 외무, 동영은 사법시험에 합격했다.

(10) 이종환 재실: 의령군 용덕면 응곡리로 광주 이씨이다. 대련삼영화학 회장을 했다.

(11) 의령향교: 의령읍 서동리 388번지이다.

(12) 조씨 고가: 화정면 상정리 471-2번지에 있다.

(13) 장송원: 의령군 지경면 유곡리로 인동 장씨이다. 최연소 사시합격으로 고손이 40여 명이다.

(14) 충익사: 의령군 의령읍 중동리 261-1번지로 현풍 곽씨이다. 선조 임란 때 홍의장군 곽재우 장병들을 모신 곳이다. 관찰사 후 병조판서를 했다.

(15) 허륜 묘: 의령읍 상리에 있다.

10. 함안군-8개소

(1) 녹색대학: 함안군 백전면 평정리 419번지로 백전중학교 자리로 대안학교이다. 최창조의 풍수 학교이다.

(2) 서산서원: 함안군 군복면 하림리 산87번지로 생육신은 이맹전, 김시섭, 남효은, 성담수, 조려, 원호이다. 조여는 함안 조씨로 서산서원에 배향되었으며 생가는 군복면 박곡리이다.

(3) 어변갑 생가: 함안군 산인면 내인리 산35번지로 함종 어씨이다.

태종 때 정언 직제학, 자헌대부를 했다. 아버지가 어연이다.

(4) 어연: 함안군 산인면 내인리 35번지로 함안 이씨이며 부인이다. 아들은 어변갑으로 병조판서를 했다.

(5) 조안: 함안군 군복면 하림리 산87번지로 함안 조씨이다. 조려 생가는 함안군 군복면 원복리 592번지이다.

(6) 조용돈: 함안군 북면 원북동으로 함안 조씨이다. 조홍제가 아버지이다. 아들은 홍제, 성제이고 손자는 석래, 양래, 욱래, 학래이다.

(7) 조홍제: 함안군 군복면 동촌리 신창 마을로 함안 조씨이다. 효성그룹을 창업했다.

(8) 주세붕: 함안군 칠서면 계내리 576번지 무계 마을로 상주 주씨이다. 명종 때 도승지를 했다. 계내리 1335번지에 칠원 윤씨 시조 묘가 있다.

11. 창녕군－26개소

(1) 김언상: 창녕군 고암면 계상리 1160번지로 서흥 김씨이다. 선조 때 직장 주부로 김굉필의 2남이다.

(2) 곽재우 묘: 구지면 대암리 산22번지이다.

(3) 광산서당: 유어면 광산리 852번지이다.

(4) 관룡사: 창녕읍 옥천리 292번지이다.

(5) 광주 노씨 묘: 이방면 등림리 마을 뒷산으로 노무현의 12대조이다.

(6) 남휘: 창녕군 부곡면 구산리 산1－2번지로 의령 남씨이다. 세

종 때 숭록대부 익산군, 남재의 손자로 영의정을 했다. 남이의 조부이다.

(7) 노변소: 창녕군 고암면 우천리 산86-1번지로 장영 노씨이다. 조선시대 경주부윤, 창민공 승지, 학림원학사 대호군이다.

(8) 물계서원: 대지면 모산리 78번지이다.

(9) 박부: 창녕군 이방면 석리 산142번지로 밀성 박씨이다. 영조 때 밀성부원군을 했다.

(10) 박영균 묘: 계성면 광계리 산59-1번지이다.

(11) 박원순 생가: 장마면 장가리 1178번지이다.

(12) 박희도 조부 묘: 창녕군 이방면 거남리 양정 마을로 육군 대장, 육군참모총장을 했다.

(13) 성송국 묘: 대합면 신당리 산73-1번지로 창녕 성씨이다.

(14) 성인보: 창녕군 대지면 모산리 499-1번지로 창녕 성씨 시조 묘이다. 성석린은 영의정, 성석용은 대제학, 성석면은 예조판서를 했다.

(15) 성혜림 생가: 창녕군 대지면 석리 322번지로 김정일의 본처이다.

(16) 신씨 고택: 영산면 교리 91번지이다.

(17) 이만영 묘: 장마면 장가리 산69-1번지이다. 이전생의 묘도 있다.

(18) 이장곤: 창녕군 대합면 대동리 산6번지로 벽진 이씨이다. 중종 때 교리 병조판서, 우찬성을 했다. 조부는 병조판서로 오른쪽 능선에, 조모는 왼쪽 능선에, 부는 좌찬성으로 바른쪽에, 형은 감찰로 옆 능선에 있다. 그 자리는 창녕군 유어면

세잔리 안골 뒷산이다.

(19) 이징규 묘: 장마면 유리 산669번지이다.

(20) 양훤 묘: 장마면 동정리 산21-2번지이다. 호는 어촌이다.

(21) 조민수: 창녕군 대합면 신당리로 창녕 조씨이다. 고려 우왕 때 좌군도통사, 교주도도통사, 문하시중을 했다. 부는 창성부원군으로 창녕군 남지면 관동리 새마을 회관 안쪽에 있다.

(22) 조익수: 조민수와 형제이다.

(23) 조우희: 창녕군 남지읍 성사리 산172-1번지로 창녕 조씨이다. 고려시대 창성부원군, 병마절도사 조익수와 형제이다.

(24) 창녕향교: 창녕읍 교리 442-1번지이다.

(25) 하자연 가옥: 창녕군 창녕읍 술정리 29번지로 명덕초교 부근이다.

(26) 효검 묘: 유어면 세진리 136-1번지이다.

12. 고성군-3개소

(1) 금봉재 고가: 고성군 회화면 봉동리 1219번지로 고성 이씨 용헌공파의 재실이다.

(2) 마장군: 고성군 마암면 석마리로 말 석상이다.

(3) 최강: 고성군 하일면 학림리로 전주 최씨이다. 선조 때 의병장으로 경상 좌수사, 포도대장 후 병조판서를 했다.

13. 남해군 - 6개소

(1) 김두관: 남해군 삼동면 뒷산 공동묘지로 남해군수, 국회의원, 열린우리당 최고위원, 내무부 장관을 했다.

(2) 남근석: 남해군 남면 가천리에 있다.

(3) 납골평장묘지: 남해군 고현면 갈화리 공원 묘원이다.

(4) 독일 마을: 남해군 삼동면 물건 마을 뒷산 중턱으로 독일 사람들의 마을이다.

(5) 백이정: 남해군 남면 평산리 54-2번지로 남포 백씨이다. 고려 충선왕 때 상의회의도감사 상당군, 주자학을 전래했다.

(6) 충렬사: 남해군 설천면 노량리 350번지로 선조 때 충무공 이순신 장군의 사당이다.

14. 하동군 - 7개소

(1) 강민첨: 하동군 옥종면 두양리 1001번지로 진주 강씨이다. 고려 현종 때 거란, 여진을 격퇴하고 상장군 추성치리억대공신이다.

(2) 경천묘: 하동군 찬암면 평촌리 산107번지로 경주 김씨이다. 신라 56대 경순왕의 영정이 봉안되어 있다.

(3) 삼성궁: 하동군 청암면 묵계리로 청학선원배달성전 삼성궁이다.

(4) 악양정: 하동군 화개면 덕은리 815번지이다. 연산군 때 정여창이 지은 정자이다.

(5) 정기룡: 하동군 금남면 중평리 621-1번지로 곤양 정씨 시조이다.

선조 때 병마절도사 용양위부호군 상호군 삼도 수군통제사였다.

(6) 최참판: 하동군 악양면 평사리로 박경리의 대하소설 『토지』의 위치이다.

(7) 하홍도: 하동군 옥종면 안계리 776번지로 진주 하씨이다. 선조 때 성리학자로 주역의 대가이다.

15. 산청군 - 12개소

(1) 김두희: 경주 김씨로 법무부장관을 했다. 증조부 재봉은 해군 소장, 당숙도 해군 소장, 고조부모 묘는 생초면 대남리 하둔마을 재실 뒷산 능선에, 증조부모 묘는 밭 위에, 조부모 묘는 생초면사무소 농막골 산 7부 능선에 위치한다. 생가는 생초중학교 옆에 있다.

(2) 김상희: 김두희의 6촌이다. 법무부 차관을 했으며 부는 고시
합격으로 한미은행 홍콩지부장을 했으며 조부 묘는 생초면 대
남리 하둔 마을에 위치한다.

(3) 도천서원: 신안면 신안리 178번지이다.

(4) 문익점 묘: 산청군 신안면 신안리 산74번지 단성 문씨로 고려
공민왕 때 좌사의 대부, 태종 때 참지정부사를 했다. 목화씨를
번식했다.

(5) 문필봉: 경주 김씨로 김두희는 법무부장관, 김상희는 법무부차
관, 김신석은 은행장으로 고시가 30여 명, 박사가 30여 명이 나
왔다.

(6) 박익: 산청군 신안면 문태리 728번지로 밀양 박씨이다. 고려
현종 때 예부시랑 중서령, 조선시대 좌의정을 했다.

(7) 성철스님: 산청군 단성면 묵곡리 210번지 마을로 생가는 지리
산 끝자락이다.

(8) 오건 묘: 산청읍 지리 18-1번지이다.

(9) 유의태 묘: 산청군 생초면 갈전리 산35-1번지 명주골로 허준
의 한의학 스승이다. 숙종 임금을 치료하고 가난한 백성들을
병에서 구제했다.

(10) 연산군 비: 산청군 생초면 월곡리로 조모는 거창부원군 신승
선의 딸이다.

(11) 조식: 산청군 시천면 사리로 창녕 조씨이다. 선조 때 상서원
판관 후 영의정을 했다.

(12) 전구형: 산청군 금서면 화계리 산16번지로 가야국 10대 구형
왕의 무덤으로 돌로 되어 있다.

16. 함양군 — 14개소

(1) 김일훈 묘: 함양읍 죽림리 1048번지이다. 죽염 발상지의 주인이다.

(2) 남계서원: 수동면 원평리 586-1번지이다.

(3) 노진: 함양군 지곡면 평촌리 주곡 마을 앞산으로 풍주 노씨이다. 선조 때 승문원 박사, 형조참의, 대사간 대사헌, 이조·병조판서를 했다.

(4) 도선선인 묘: 함양읍 백천리 산32번지로 해주 석씨이다.

(5) 박재현: 함양군 서상면 옥산리 극락산 밑 산동네로 밀양 박씨이다.

(6) 벽송사: 마천면 추성리 산259번지이다.

(7) 신인도공 묘: 함양군 안의면 초등리 287번지로 거창 신씨이다. 조선시대 한성부윤, 봉요 명당으로 알려져 있다.

(8) 세영 묘: 수동면 우명리로 삼척 박씨이다.

(9) 안국사: 함양군 마천면 가흥리로 신라 말 국찰 암자이다. 3안국은 지리, 서산, 금산을 말한다.

(10) 주논개: 함양군 서상면 금당리 산31번지로 장수 태생이다. 선조 때 기생이다. 생가는 장수군 계내면 주촌마을이다.

(11) 정여창: 함양군 수동면 우명리 산10-9번지로 하동 정씨이다. 연산군 때 시강원설서 후 우의정을 했다. 고택은 지곡면 개평마을로 <토지>의 촬영장이다.

(12) 한남군 묘: 함양읍 교리 산755-11번지이다.

(13) 함양향교: 함양읍 교산리 793번지이다.

(14) 허삼돌 가옥: 안의면 금천리 196번지이다. 윤씨 가옥도 있다.

17. 거창군 — 11개소

(1) 김문기, 김현석 묘: 위천면 모동리 377 – 1번지이다.

(2) 경북대학교 총장 묘: 가북면 박암리 350번지이다. 김기선 교수가 점지했다.

(3) 반남 박씨의 처 신씨 부인 묘: 거창군 신원면 박산포지 둔덕으로 신씨는 박씨네 집에서 소박을 받았다.

(4) 수승대: 거창군 거창읍 양평리이다.

(5) 신사경 묘: 거창읍 동변리 771번지이다.

(6) 쌍청당 묘: 주상면 성기리 1195번지이다. 연안 이씨로 거창 입향조이다.

(7) 이인환 묘: 거창읍 가지리 산294번지이다.

(8) 유한우 묘: 남상면 둔동리 둔동마을로 조선조 구풍이다.

(9) 정기필: 거창군 위천면 강천리 51번지로 초계 정씨이다. 철종 때 영양 현감을 했다. 반구헌이 생가이다.

(10) 정온: 거창군 가북면 용산리 159번지로 초계 정씨이다. 선조 때 대사간, 인조 때 부제학, 이조참판 후 영의정을 했다.

(11) 정온 생가: 위천면 강천리 50 – 1번지이다.

18. 합천군 — 27개소

(1) 강위규: 합천군 대양면 아천리 환원 새마을 회관 뒷길 언덕 고사리 밭 옆으로 진양 강씨이다. 강만수 경제기획원장관의 선영이다.

(2) 강창귀: 합천군 율곡면 갑산리로 진주 강씨 4세손이다. 고려 충목왕 때 정랑, 판관, 문하시중을 했다.

(3) 곽항 묘: 율곡면 항곡리 938－1번지이다. 권노의 묘도 있다.

(4) 납골당: 합천군 쌍백면 평구리 쌍백중학교 건너편 산길로 울산 김씨이다. 황골이 나온 자리이다.

(5) 무학대사: 합천군 대병면 성리로 조선 태조 이성계의 왕사이다.

(6) 문희갑: 합천군 묘산면 중촌리로 서병석 풍수사가 점혈한 곳이다.

(7) 박소: 합천군 묘산면 하양리로 반남 박씨이다. 고려 숭록대부 후 영의정을 했다.

(8) 박인걸: 합천군 묘산면 계금 마을 우측으로 고령 박씨이다. 고려 감문위 상장군 정의대부이다.

(9) 변수량: 합천군 율곡면 갑산3리로 초계 변씨의 중시조이다. 고려 성종 때 문하시중 우왕 문열공 대제학을 했다.

(10) 변정실: 합천군 초계면 토계리로 초계 변씨 팔계공파의 시조이다. 고려 문하시중 문열공이다.

(11) 서성은: 합천군 쌍책면 진정리 뒷산으로 달성 서씨이다.

(12) 이거: 합천군 묘산면 봉동리로 하빈 이씨의 시조이다. 고려 명종 때 예부상서이다.

(13) 이개: 합천군 용주동 월평2리로 합천 이씨의 시조이다. 신라 때 강양군이다.

(14) 이송반 이민의 묘: 합천군 합천읍 왜곡리 산104번지로 우선룡이며 협와와 천와의 와혈이다. 5악과 3성이 있고 전순이 삼각형이다. 비석에는 건좌이나 술좌를 해야 된다.

(15) 이원주: 합천군 쌍백면 술곡리 산34번지에 있다.

(16) 이주호: 합천군 합천읍 고려병원 옆 뒷산 능선으로 황골 나온 자리이다. 합천 이씨로 고려병원 원장의 부이다.

(17) 이한철, 이대형: 합천군 대양면 대목리로 성주 이씨이다. 순조 때 유학자로 진사를 했다. 이한철은 율곡면 명전2리 도로 변 소공원 안쪽이고 이대형은 유곡면 새미실 마을에 있다.

(18) 이희안: 합천군 쌍책면 성산리 오서리 산82번지 마을로 청계 서원이다. 합천 이씨로 명종 때 고령현감, 군자감 판관을 했다.

(19) 윤사성의 묵와 고가: 합천군 묘산면 화양리로 선조 때 선전관 을 했다.

(20) 전두환 생가: 합천면 율곡면 내천 마을로 완산 전씨이다. 조부모 묘는 합천군 쌍책면 신촌리에 있다.

전 대통령의 생가

조부

와혈상의 모양

5-6대조의 묘지

(21) 전영수: 율곡면 내천마을 뒤로 완산 전씨이다.

(22) 정배걸: 합천군 쌍책면 성산리로 초계 정씨 시조묘이다. 고려
　　　문종 때 예부상서, 중추원사를 했다.

(23) 정인홍: 합천군 가야면 야전1리로 서산 정씨이다. 인조 때 대
　　　사성 좌의정, 영의정을 했다.

(24) 조식: 합천군 삼가면 하판리로 창녕 조씨이다. 선조 때 상서
　　　원판관 후 영의정을 했다.

(25) 조언행 묘: 삼가면 하판리 산30번지이다. 남명의 선대이다.

(26) 초계향교: 초계면 초계리 245번지이다. 음부혈로 여근곡이다.

(27) 최근덕: 가야면 황산리 산95번지로 성균관장이다. 선고비의
　　　묘지가 있다. 본인 신후지지가 있다.

제주특별자치도

제주특별자치도는 2개 시에 10여 개소의 관산지가 있다. 광역시 도의 도세에 비해 관산지가 많은 편은 아니다.

1. 제주특별자치도 제주시-6개소

(1) 고광림: 제주시 애월읍 광령리로 제주 고씨이다. 서울대 교수, 하버드대 정치학 박사이다. 4남 2녀 모두 예일·하버드대 박사 교수이다.

(2) 고조기: 제주시 아라동으로 제주 고씨이다. 고려 인종 때 문경 공이었다. 시어사 중서시랑 평장사를 했다.

(3) 삼성혈: 제주시 이도1동 1313번지로 중종 때 이수동 목사가 추진했고 고씨, 양씨, 부씨 3성이 춘추제를 지냈다.

(4) 신촌향사: 제주시 조천읍 신촌리 215-1번지로 조선 광해군 때 지방공무처리기관의 교육기관이다.

(5) 원당사탑: 제주시 삼양동 파출소 옆으로 득남 명당으로 알려져 있다.

(6) 천왕사: 제주시 노형동 산20번지로 한문과 귀성이 있다.

2. 서귀포시-3개소

(1) 박쥐산: 서귀포시 안덕면 사계리로 박쥐가 오르는 산이다.

(2) 약천사: 서귀포시 대포동 1560번지로 조선 동양 최대의 비로
자나 아미타, 약사여래 부처님이다.

(3) 조일훈: 서귀포시 표선면 성읍리로 고종 1901년에 건립한 초
가집이다.

부록

조선의 왕릉

조선 왕릉의 위치(제1~27대 임금)

제1대: 경기도 구리시 인창동 62 사적 193호

경기도 개성시 판문군 상도리 (북한)

이성계(2남 1녀) 서울 성북구 정릉2동 산87 (사적 208호)

제2대: 이방과

경기도 개성시 판문군 령정리 (북한)

제3대: 이방원과(4남 4녀)

서울 강남구 내곡동 산13 (23대)

제4대: 이도와(8남 2녀)

경기도 여주군 능서면 왕대리 산83 (사적 195호)

제5대: 이향과(1남 1녀)

경기도 구리시 인창동 62 사적 193호

제6대: 이홍위

강원도 영월군 영월읍 영흥리 산121 (사적 196호)

제7대: 이유와(2남 1녀)

경기도 남양주시 진접읍 부평리 산99-2

추 존: 이장, 경기도 고양시 용두동 산30

제8대: 이황과(1남 1녀)

　　　　경기도 고양시 용두동 산30 (서오릉 소재)

　　　　경기도 파주시 조리면 봉일천리 산15

제9대: 이혈과(1남 1녀)

　　　　서울 강남구 삼성동 135−4 (사적 199호)

제10대: 서울 도봉구 방학동 산75 (사적 362호) 강화도 교동서

제11대: 이역의

　　　　서울 강남구 삼성동 135−4

　　　　경기도 양주군 장흥면 일영리 산19 (사적 210호)

　　　　경기도 고양시 원당동 산37−1

　　　　서울 노원구 공릉동 산223−19

제12대: 이호과

　　　　경기도 고양시 원당동 산37−1

제13대: 이환과 사적 201호

　　　　서울 노원구 공릉동 산233−19 (사적 201호)

제14대: 이균과

　　　　경기도 구리시 인창동 62 (사적 193호)

제15대: 이혼과

　　　　경기도 남양주시 진건면 송승리 산59 (사적 363호)

추 존: 이부 16대, 경기도 김포시 김포읍 풍무리 산141−1 (사적
　　　　202호)

제16대: 이종와

　　　　경기도 파주시 탄현면 탄현리 산25−1 (사적 203호)

　　　　경기도 구리시 인창동 62 (사적 193호)

제17대: 이호과

경기도 여주군 능서면 왕대리 산83 - 1 (사적 195호)

제18대: 이연과

경기도 구리시 인창동 62 (합각지붕 정자각)

제19대: 이순과

경기도 고양시 용두동 산30 - 1 (사적 198호)

제20대: 이균

서울 성북구 석관동 1 - 5 (사적 204호)

경기도 구리시 인창동 62 (사적 193호)

제21대: 경기도 구리시 인창동 62 (사적 193호)

경기도 고양시 용두동 산30 - 1

추　존: 사적 205호, 경기도 파주시 조리면 봉일천리 산15 - 1

추　존: 경기도 화성군 태안면 안녕리 1 - 1 (사적 206호)

제22대: 이성과

경기도 화성군 태안면 안녕리 산1 - 1 (사적 206호)

제23대 서울 강남구 내곡동 13 - 1 파주서 (사적 194호)

추　존: 경기도 구리시 인창동 62 (사적 193호)

제24대: 이환과

경기도 구리시 인창동 62 (사적 193호)

제25대: 이변과

경기도 고양시 원당동 산37 - 1 (사적 200호)

제26대: 이재황과

경기도 남양주시 금곡동 141 - 1 (사적 207호)

제27대: 이척과

경기도 남양주시 금곡동 141-1 (사적 207호)

동구릉

경기도 구리시 인창동 62 (사적 193호)

(1) 건원릉-조선

(2) 현릉 5대 문종과 비 현덕왕후

(3) 목릉-14대 선조와 비 의인왕후, 계비 인목왕후 변형

(4) 휘릉-16대 인조의 계비 장렬왕후

(5) 숭릉-18대 현종과 비 명성왕후

(6) 혜릉-20대 경종의 비 단의왕후

(7) 원릉(원릉)-21대 영조와 계비 정순왕후

(8) 경릉(경릉)-24대 헌종과 비 효현옹후, 계비 효정왕후 삼연릉

(9) 수릉-24대 헌종의 부로 추정되는 익종과, 비 신정왕후 합장릉

서오릉

경기도 고양시 용두동 산30 (사적 198호)

(1) 경릉-조선 7대 세조의 세자가 요절하자 성종 때 추존된 덕종
과 소혜왕후의 무덤. 동원이강릉 형식

(2) 창릉-8대 예종과 계비 안순왕후

(3) 익릉-19대 숙종의 비 인경왕후

(4) 명릉-19대 숙종과 계비 인현왕후의 쌍릉과 계비 인원황후 단릉

(5) 홍릉-21대 영조의 비 정성왕후 단릉

서삼릉

경기도 고양시 원당동 산37-1 (사적 200호)
(1) 희릉-11대 중종의 계비 장경왕후 단릉, 헌릉에서 천장
(2) 효릉-12대 인종의 비 인성왕후 쌍릉
(3) 예릉-25대 철종과 비 철인왕후 쌍릉

우리나라의 8대 명당

8대 명당이라는 개념의 정리는 주역의 8괘에서 온 논리인 것 같다. 무극이나 태극 양의 4상 8괘 64괘 384효 등에서 주장하는 2진법의 논리에서 왔으리라 유추된다. 마지막의 384효의 숫자는 너무나 많고 태극이나 양의는 적은 숫자의 개념이다. 따라서 8괘의 논리가 적당하다고 판단되어 8대 명당의 명칭을 부여한 것으로 인식된다. 조선시대의 도 단위도 8도이다. 이러한 논리로 놓고 보아 8대 명당을 주장한 것으로 보여 진다. 8대 명당을 주장하는 풍수학술인들은 많고 다양하다. 이를 놓고 적잖은 고민을 해왔다. 다음은 이훈석 등의 주장자들이 주장하는 것에 대해 빈도수가 많은 순서로 나열한 것이다. 이를 참고하여 보면 정문도 동래 정씨 묘지는 5회에 걸쳐 주장이 되었다. 이에 비해 옥천 조씨 시조묘, 노사 기정진의 묘소, 여산 송유익의 묘소는 2회로 주장이 되었다. 이러한 논리로 비추어 볼 때 아래 열거한 명당은 12개소가 된다. 이를 놓고 8대 명당이라 할 수가 있는 것이다.

1. 정문도 동래 정씨 시조 묘는 5회에 걸쳐 주장된다.
2. 청주 한씨 시조 한란의 묘(4), 김번의 묘(4), 김극뉴의 묘(4),
3. 남연군의 묘(3), 평산 신씨 신숭겸의 묘(3),
4. 김인백 부인 안동 권씨 묘(2), 정사의 묘(2), 이당의 묘(2), 옥천

조씨 시조 묘(2), 노사 기정진의 묘(2), 여산 송유익의 묘(2)

저자	책명(논문)	명당		비고
		양택	음택	
이태호	새로 쓰는 풍수지리학 (큰 명당은 착한 이의 것이다)		목조의 덕릉, 원종, 남연군, 김극뉴, 정문도, 이당, 이윤경, 한란, 신효창, 심연, 안동 권씨(김인백 부인), 이석형, 정탁, 민기, 서한, 조맹, 김번, 이영선, 윤득실	제)목조
최명우	이곳이 한국 최고의 명당 (최명우 풍수 답사기)	송광사, 운주사, 상이암, 쌍동이마을, 운조루	황희 정승 조부 묘, 진묵대사 모친 묘, 김극뉴의 묘, 박 대통령 선산, 토정 이지함의 묘, 김덕룡 장군의 묘, 남연군의 묘, 박문수 어사의 묘, 남명조식의 묘, 세종릉, 영천 이씨 시조 이능의 묘(임실 지사), 정문도의 묘, 청주 한씨 중시조 묘, 옥천 조씨 중시조 묘(순창 옥천), 장수논개 묘, 노사기정진의 묘	제)양택
이정운	음택비결 제5권 (한국명당기)	맹사성고택	국립묘지, 이순신 충무공의 묘 이한 전주 이씨 시조묘, 남연군의 묘, 통계공강준중 묘, 안릉부원군 강득용의 묘, 양촌 권근 안동 권씨 묘, 김인백 부인 안동 권씨 묘, 광산 김씨 시조 김흥선의 묘, 김해 김씨 시조 수로왕릉, 김번, 민영모 여흥 민씨 묘, 여산 송씨 시조 유익 묘, 평산 신씨 신숭겸의 묘, 순흥 안씨 경공 묘, 남원 양씨 중조 양성의 묘, 해주 오씨 오누인 오경운의 묘, 문화 유씨 잠의 묘, 윤관지문용공 파평 윤씨 묘, 정문도의 묘, 최영 동천 최씨 묘, 남양 홍씨 세가 묘, 청주 한씨 시조 한란의 묘, 이천 서씨 신일의 묘	제)양택
이훈석	대구한의대학교 대학원논문(음택 풍수의 이론과 실제에 관한 연구)		신숭겸의 묘, 김번의 묘, 한란의 묘, 김극뉴의 묘, 정문도의 묘, 정사의 묘, 이당의 묘, 고령신씨 시조묘(제1설), 김번의 묘, 반남 박씨 시조 홍광의 묘, 신숭겸의 묘, 의왕 청풍 김씨부인 묘, 정사의 묘, 정문도의 묘, 안동 선산공묘(퇴계선조), 김극뉴의 묘(제2설)	
최영주	한국풍수(동학사)		김극뉴 묘, 전주 이씨 조경단, 고창 호암의 선인취와(고창김요협과정씨묘), 김병로 묘(김시서 묘), 기대승의 조부 묘(노사기정진의 묘), 순천 옥천 조씨 시조묘, 군산의 술산, 영암의반월(교보문고 신관성 신예범의 묘), 장성의 봉황탁속, 김제의호승예불, 완주의 운증발룡-호남 8대 명당	제)왕릉, 공원묘지, 이율곡묘 (흉-저자)

최영주	한국풍수(동학사)		건원릉, 홍릉, 유릉, 영릉, 남연군묘, 삼척 준경묘, 명주군왕(최입지묘), 신순겸, 한란, 김용비, 여산송유익, 이도(전의)의 선대묘, 정문도, 홍지묘, 김극뉴, 이율곡묘, 포천약 봉서생묘, 김번, 윤선도묘, 김병로(김시서 묘), 고창김요협과정씨 묘, 영암신관성, 덕 산신예범의 묘 공주 김갑순의 묘, 용미리 시립묘지 무안승달산-23	제)왕릉, 공원묘지, 이율곡묘 (흉-저자)
중복 명당	12대		김인백 부인 안동 권씨 묘(2), 평산 신씨 신숭겸의 묘(3), 정문도 동래 정씨 시조묘 (5), 청주 한씨 시조한란 묘(4), 김번의 묘 (4), 김극뉴의 묘(4), 정사의 묘(2), 이당의 묘(2), 남연군의 묘(3), 옥천 조씨 시조묘 (순창, 2), 노사기정진의 묘(2), 여산송유익 묘(2),	( )는 중복된 숫자

우리나라의 100대 명당

　풍수적으로 잘된 집은 뼈대가 있다. 이는 5악과 3성이 있으면 고시나 장군이나 출세자가 되어 있다. 아래 100대 명당은 대다수가 그러한 대상지이다. 본인은 풍수공부를 하면서 이러한 통계수치가 거짓이 아님을 알았다. 따라서 아래 대상지는 5악과 3성이 있는 곳이다. 이를 보는 독자는 이 점을 상기하여 현장을 확인하면 풍수공부가 될 것이다. 그에 대한 내용과 대답은 100대 명당의 음택과 양택이 증명해 줄 것이다.

　혈장에 대해서는 5악과 3성으로 구분하고, 혈의 4상에는 혈형을 보는 것이 아니고 혈증을 위주로 보고 판단하는 것을 원칙으로 하여 판단했다는 것이다. 즉 혈형만을 놓고 보면 유혈이 되나, 혈장을 하나하나 세부적으로 판단해서 보면 와혈이 되는 경우가 많았고, 또한 우각이 있다고 하더라도 선익이 보이면 우각이 다리가 아니라 요성이 되므로 이러한 경우에는 3성으로 보았다. 따라서 혈의 4상을 구별해서 판단할 필요가 있다는 말씀이다. 즉, 혈의 4상을 알면 5악과 3성을 알고 재혈을 하는 방법이 되기에 5악 3성과 혈의 4상을 대상으로 하여 중점적으로 다루어 100대 명당을 선정한 것이다. 이러한 집안이 성공하였다. 아래 자리를 보라. 깊이 있는 풍수 공부가 될 것이다.

음택

1. 경산의 와혈 - 의장 혈

(1) 전순이 크고 잘 떨어져 있다.

(2) 입수의 모양세가 좋다.

(3) 속기가 있고 용맥이 강하다.

(4) 선익이 약하나마 있다.

(5) 백호가 좋고 응기점이 눈높이이다.

(6) 입수 위에 방향을 틀어주는 귀성과 요성이 있다.

※ 지금의 자리는 돌혈이나 밑으로 내려왔으면 한다.

2. 청도의 백호에 의한 전순

경상북도 청도군 이서면 구라리에 위치한다.

(1) 전순의 둥근 전욕의 길이가 13m이고 떨어진 폭이 1.5m이다. 혈장 부분을 완전히 안아 준다.

(2) 백호가 안산으로 안산의 높이가 가슴 높이이고 들은 지점이 응기점이다.

(3) 백호 안산이 180도를 넘어 210도쯤 되며 완전히 안아주는 모양이다.

(4) 우선룡에 우선수이나 물길은 궁수이다.

※ 전순의 생성은 백호와 물길에 의해서 생성되었다고 판단된다. 그 이유는 백호와 전순의 생김새가 유사하다.

3. 함양군 안의의 벌 명당

(1) 전순이 새부리처럼 생긴 모양이다.

(2) 혈의 모양이 둥글면서 선명하다. 비어 있는 혈은 보기가 어려운데 이곳에서 귀한 혈을 구경할 수가 있다.

(3) 우선익이 강하다.

(4) 안산이 안으로 궁하여져 있어 전순이 선명하다.

(5) 전순과 혈의 하단부가 떨어져 있다.

(6) 우선룡이며 좌선수로 1분합이 일어나고 있다.

※ 혈이 선명하게 보이는데 현장에서는 좀처럼 보기가 흔하지 않는 장소이다.

4. 합천의 질서룡

경남 합천군 합천읍 왜곡리 산104번지로 이송반 이민의 묘이다.
아들은 효영이다.

(1) 우선 부분의 위아래에 요성이 있다.

(2) 전순이 새부리 모양이며 10cm 정도 떨어져 있다.

(3) 입수가 뚜렷하다.

(4) 속기가 있다.

(5) 우선룡이며 좌선수로 청룡국세이다.

(6) 전순 부분은 보기가 어려워 판단이 어렵다. 지금의 좌가 건좌
　　이나 전순을 보면 술좌로 하여야 배합의 논리가 된다.

(7) 건해 입수에 신술좌로 우선이기에 술좌로 하여야 정격이다.

(8) 안산이 역룡이다.

(9) 사신사의 형태는 청룡이 있고 백호가 있으며 그다음에 외청룡

이 있고 안산은 외청룡 안산이다. 중첩되어 길하며 물길이 지
현이 되어 길하다.

※ 요성의 떨어짐과 전순의 떨어짐을 알아야 혈을 찾을 수가 있다.

5. 박 대통령의 부모 묘

(1) 전순이 J자이며 물을 거수하는 형태이다.

(2) 우선익이 뚜렷하다.

(3) 현무정에 크지 않은 당배귀사와 쌍귀사가 붙어 있다.

(4) 백호가 180도까지는 오지 않으나 백호의 근저가 떨어져 있고 혈장으로 돌아져 있다.

(5) 전순을 안대로 하고 있다.

(6) 백호는 물을 거수하고 있으며 백호국세이다.

6. 칠곡의 최씨 묘지

칠곡군 가산면 다부 아이시 부근이다.

(1) 입수가 길하다.

(2) 전순이 떨어지고 뚜렷하다.

(3) 정혈과 재혈이 잘 되어 있다.

(4) 청룡이 궁처럼 되어 있고 우선익이 있다.

(5) 좌선룡이며 물은 우선수이다.

7. 성주 돌혈−판사 출신의 묘

處士 星山李公諱周永之墓 乙坐 配孺人 廣平李氏 配孺人 淸州李氏. 경상북도 성주군 선남면 관하 5길 석담농장 뒤에 위치한다.

(1) 전순이 둥글게 붙어 있다.

(2) 매화꽃이 붙어 있다.

(3) 속기가 있다.

(4) 입수가 있다.

(5) 입수에 귀성이 있다.

8. 퇴계 묘지

(1) 전순이 둥글고 크게 붙어 있다.

(2) 매화꽃이 붙어 있는 전형적인 돌혈이다.

(3) 속기가 있고 우선룡이다.

(4) 안산이 들어오는 맥이다.

(5) 다리의 크기가 균형이 맞다. 위는 크고 아래는 작다.

9. 이육사 묘지

(1) 전순이 길하다.

(2) 좌우선익이 좋고 좌선익이 크다.

(3) 입수가 좋다.

(4) 입수와 전순을 맞추어 재혈하면 한다.

(5) 와혈이다.

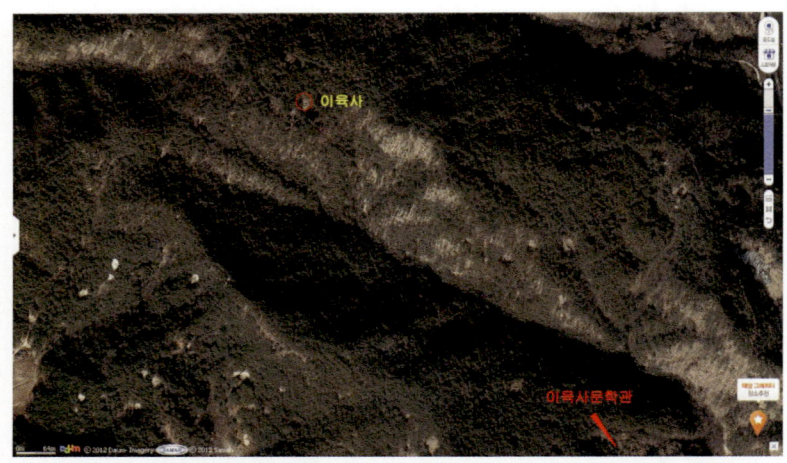

10. 춘당오 묘지

宜人全州柳氏 祔 成均館進士高敞吳公之墓

경상북도 안동시 도산면 양평길 30번지 뒷길 동사무소와 파출소에서 이황 종택 가는 길로 1km에 마을이 있는데 표지석이 있다. 동네에서 물으면 되는데 올라가면 진입로에 또 표지석이 있다. 산으로 소로를 따라 가면 능선에 있다.

(1) 우각사가 4개가 있는 돌혈이다. 좌선이다. 자기안이 금성체로 되어 있으며 안으로 굽어져 있어 길하다. 백호줄기에 협이 있다.

(2) 입수가 있고 전순이 길하다.

(3) 자기안이 있어 안산과 모양이 같은 전순이 뚜렷하다.

※ 혈은 현재의 묘지에서 전순 쪽으로, 백호 쪽으로 각 1m씩 이동하면 정혈지로 판단되며 백호에 협이 있어 바람의 영향으로 피해가 우려된다.

11. 현직 변호사의 민묘(雲皐處士 咸陽朴公諱濟之墓)

경상북도 의성군 금성면 만천리 소재 함양 박씨 문중 산으로 추정되며 법률가의 선조 묘지로 판단된다.

(1) 5악이 다 있는 경우는 드문데 이러한 요소가 있다.

(2) 입수 전순 선익이 뚜렷하며 특히 전순이 길다.

(3) 청룡과 백호가 길하다.

(4) 안산이 일자문성의 토성체이며 고축사이다.

(5) 주산이 금성으로 좋다.

(6) 우선룡이며 와혈이다.

(7) 안산이 들어오는 역룡이다. 역룡은 혈장에 응기를 주는 제1차적인 요소이며 혈을 응기하는 응기점과 동시에 대단히 중요하

다. 이처럼 역룡은 귀하고 좀처럼 보기 힘든 것인데 여기 이
장소에 있다.

12. 현직 부장검사의 묘지

경상북도 군위군 군위읍 금구리, 군위 IC에서 남향으로 진입을 하면 금구리 논들을 지나 마을이 있고 그 동네 뒷산에 위치한다.

(1) 중심룡의 천심맥이다.

(2) 입수와 돌고 있는 선익과 전욕이 떨어진 전순이 있으며 특히 전순이 작으나 선명하다.

(3) 관성과 요성의 3성이 있으며 좌측의 요성이 2곳에 있다.

(4) 가까이 청룡이 있고 백호가 있으며 용호가 중첩이다.

(5) 마지막 외백호의 끝부분에 떨어져 들고 있는 곳에 향을 하였다.

※ 좌측에 요성과 청룡이 길하여 남자의 후손들이 길한 것으로 판단된다. 특히 그중에서도 요성의 위치가 중간과 아래쪽에 붙어 있어 차남이 길한 곳으로 이해되며 현직 검사도 둘째로 되어 있어 이러한 해석이 유추된다.

13. 곡강 최씨 묘

포항 흥해에서 동향으로 2~3킬로미터 이동하면 전방에 위치한다.

(1) 귀성과 요성과 관성이 있다.

(2) 3성이 떨어져 있어 밀어줌이 확실하고 분명하다.

(3) 우선에서 좌선으로 좌선에서 우선룡으로 들어간다.

(4) 우선룡에 물은 좌선수로 합국이다.

(5) 물이 수이대지로 되어 있다.

(6) 입수와 선익이 있고 좌선익이 분명하다.

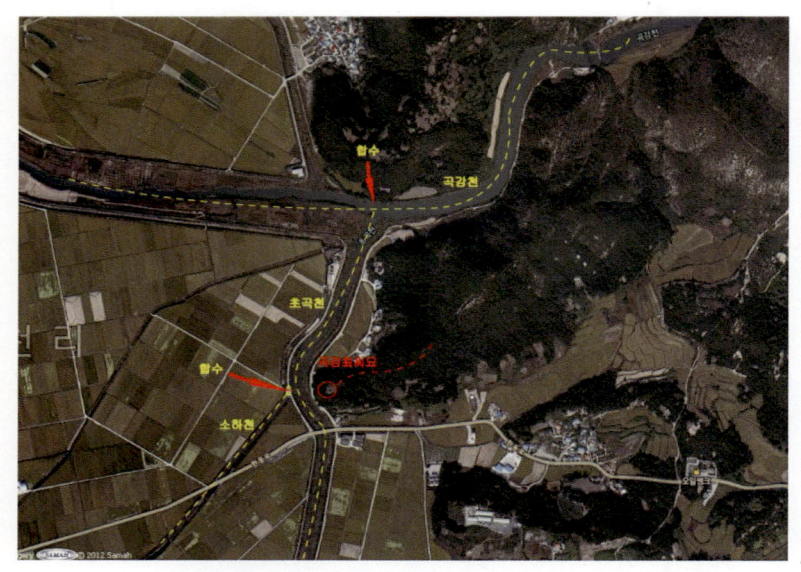

14. 정씨 민묘

곡강 최씨 가까이에 있는 이 묘지는 3성이 있는 곳이다.

(1) 귀관요가 확실하다.

(2) 요성이 백호 부분에 있다.

(3) 물이 좌선수로 백호의 요가 거수를 한다.

(4) 안산이 들어져 있고 떨어져 있다.

(5) 전순이 안산을 보면 있는 것 같으나 현장에는 볼 수가 없다.

15. 경남 산청군 생초면의 돌혈의 개인 묘

생초면에서 동향으로 가면 동네의 어귀에 있는 곳으로서 5악과 3성이 있는 곳으로 일반적으로 보기에는 일반 민묘와 다름이 없으나 하나하나 세밀하게 뜯어보면 원길의 장소가 된다.

(1) 입수와 전순과 선익의 5악이 있는 곳이다.

(2) 귀성 관성과 요성의 3성이 있는 곳이다.

(3) 우선룡이면서 좌선수를 하는 배합국이다.

(4) 4곳의 우각이 있는 돌혈이다.

(5) 백호가 길한 거수국이다.

(6) 요성이 이 자리의 횡선인 횡축이 된다.

(7) 주산이 길하다.

(8) 안산이 들어오는 역룡의 산이다.

(9) 입수와 전순과 안산을 종선의 축으로 놓으면 된다.

※ 종축과 횡축을 연결하면 입수 쪽으로 1m, 용두를 우선익 쪽으로 반 미터 옮기면 올바른 재혈이 될까 하는 마음으로 생각이 된다. 다만 이러한 내용은 우각사와 요성을 보고 생각한 것으로 판단되며 후손들의 무궁한 기복이 이루어지길 바라는 마음 한량이 없다.

16. 생초면의 또 다른 묘지

15와 같은 방향으로 동향을 한 다음 좌측 계곡으로 진입하여 중심 능선에 이르면 되는 곳이다.

(1) 입수와 전순이 떨어져 있어 길하다.

(2) 좌측에 요가 붙어 있다.

(3) 좌선룡에 백호국세의 우선수이다.

(4) 혈의 4상이 와혈이다.

(5) 주산이 좋고 안산이 활처럼 궁을 하는 곳이다.

(6) 2중으로 전순이 떨어져 있다.

(7) 우측에 있는 계곡풍이 마음에 거슬리나 우선익에 요성이 좌측
   보다는 약하지만 붙어 있는 곳으로 마무리가 된다.

(8) 안산이 들은 곳으로 종선을, 횡선은 요를 보고 놓은 곳으로 판
   단된다.

※ 종선과 횡선의 교차점이 만나는 곳에 점혈되어 비교적 재혈이
   잘 되었다고 판단된다.

17. 김두희 법무부 장관의 조부 산소

생초면 소재지에서 북향으로 올라가면 동네가 나오고 그 동네에서 서쪽의 마을 뒷산에 위치한다.

(1) 혈의 사상은 음혈인 와혈이다.

(2) 돌았다고 하는 것이 분명한 곳으로 선익이 있다.

(3) 전순에는 대가 있고 계곡의 시작점을 묘하게 피한 곳으로 물의 피해가 거의 없다.

(4) 우측에 2점의 요성이 붙어 있다.

(5) 안산이 들어오는 역룡의 자리이다.

(6) 청룡과 백호가 들었으며 떨어져 있어 길한 곳으로 평가된다.

※ 종선과 횡선을 그어서 보면 종축은 바로 되었으나 횡축은 요성을 놓고 보면 입수 쪽으로 올라갔으면 하는 아쉬움이 남는 곳으로 보인다.

18. 거창의 유혈

판사 출신으로 유일한 유혈의 자리이다.

(1) 혈의 4상이 유혈이다.

(2) 5악이 있는데 특히 전순이 발달되어 있다.

(3) 선익은 몸체에 붙어 있다.

19. 해인사의 와혈

판사 출신으로 해인사 아이시에서 내려 해인사로 가는 중에 있다.

(1) 5악과 3성이 있다.

(2) 입수와 전순이 길다.

(3) 특히 관성이 잘 발달되어 있다.

(4) 분합에서 하합이 되는 곳에 묘지 조성으로 이장 후에 현 위치
     로 조성하여 판사가 배출된 자리로 발복이 대단하다고 한다
     (김원대 교수).

20. 합천 야로 묵천리 돌혈─이명렬 선생의 점혈 아래 자리

5악과 3성이 다 있는 곳이다. 전순이 새부리 모양이다. 안산이 들어오는 역룡이 있다. 생초에도 들어오는 역룡의 경우에 전순이 새부리이다.

21. 야로의 하씨 묘지─이명열 선생 점혈지

5악과 3성의 요성과 관성이 있는 곳이 붙어 있는 곳이다. 전순이 안산과 같은 형상으로 'J'자의 좌선 반혈이다. 주산의 현무정이 떨어져 있는 곳이다. 일자문성이 2개가 있고 멀리 있는 조산에는 고축사가 있다.

(1) 와혈이다.

(2) 'J' 전순이다.

(3) 5악과 3성이 있다.

22. 칠곡 돌혈

學生德山李公諱柄壽之墓 配孺人金海許氏. 子 慶州 1993년 癸酉陽五月二日, 칠곡군 지천면 심천리에 있는 혈로 덕산 이씨의 묘지이다.

(1) 평지 돌혈이다.

(2) 은맥혈이다.

(3) 오른쪽 어깨 부분이 강한 우선룡이다.

(4) 둥글게 흐르고 있는 물길로서 좌선수로 빠져 환포를 하면서 빠져나가는 길수이다.

(5) 선룡선수가 배합이다.

(6) 혈장에서 거리가 전순은 7m이고 입수는 5m로 재혈과 재혈이 바로 되어 있는 곳이다.

(7) 우각사가 오른쪽에 4개, 왼쪽에 4개가 붙어 있는 곳으로 선익은 일품이다.

(8) 5악이 있고 3성이 강하게 발달되어 있다.

23. 의성 옥산의 민묘

옥산면에서 남쪽으로 진행하는데 앞에 둥근 원형 모양의 산에 위치한다.

(1) 혈장 5악인 속기와 입수가 있고 전순과 선익이 둥글게 나타나며 발달이 되어 있다.

(2) 국세가 관세되어 있으며 안산이 역룡으로 들어오는 산이다.

(3) 청룡이 둥글게 환포한다.

(4) 혈의 4상은 와혈이다.

(5) 특히 선익과 전순이 발달되어 있다.

(6) 속기가 있다.

(7) 5악이 있으며 3성은 보이지 않는다.

(8) 전순이 규모가 크다.

24. 해주 오씨 돌혈

경기도 안성시 덕봉리 산47에 있는 혈의 4상이 다 있는 묘역이다.

(1) 돌혈이다.

(2) 강한 5악이 있는 곳으로 특히 입수가 발달되어 있다.

(3) 혈의 3세는 높은 곳에 위치한 천혈이다.

(4) 선룡은 우선룡이다.

25. 안정 나천서의 묘지

경상북도 의성군 안계면 교촌리에 있는 안정 나씨 시조묘이다. 高
麗三重大王門下侍中 安定伯羅公諱天端之墓 配府夫人同福吳氏祔左.

(1) 혈장 주변에 돌이 많은 석중혈이다.

(2) 돌혈이다.

(3) 우각사가 발달되어 있다.

(4) 5악이 있으며 입수가 길하다.

(5) 3성이 있는 곳이다.

26. 영의정 김육의 묘

남양주시 상패동에 있는 영의정의 무덤이다.

(1) 5악이 분명한 곳으로 특히 입수와 선익이 발달되어 있다.

(2) 전순이 선명하다.

(3) 연익이 있는 곳이다.

27. 유성룡의 유혈

안동시 풍산읍 수동2리에 있는 영의정의 무덤이다.

(1) 5악이 있는 곳으로 전순이 발달되어 있는 곳이다.

(2) 3성이 있으며 요성이 발달되어 있다.

(3) 안산이 2중으로 되어 있는 곳이다.

28. 남원 양씨 돌혈

전라남도 남원시 동계면 구미리 14-11 관전길에 있는 남원 양씨 할머니 묘지이다. 通訓大夫咸平縣監 南原楊公思輔之墓 配淑人黃氏 祔 子坐.

(1) 혈의 4상은 돌혈이다.

(2) 선룡은 오른쪽으로 들어간 우선룡이다.

(3) 5악이 있는 곳이다.

(4) 3성이 있는 곳으로 특히 요성과 관성이 발달되어 있다.

(5) 후손의 발복이 잘 되어 있다고 한다.

29. 박침의 묘 - 8대 명당(권 회장 안내)

완주 용진면 간중리에 있는 밀양 박씨 할머니 묘

(1) 5악이 있다.

(2) 3성이 있다.

(3) 국세가 길하다.

(4) 물길이 좋고 명당에 저수지가 있다.

30. 해병대 사령관 와혈

경남 하동군 북천면 사평리 혹은 사복면 사곡리 52-1번지 이다.

(1) 귀, 관, 요가 있는 3성의 혈이다.

(2) 혈의 4상은 와혈이다.

(3) 5악이 있으나 3성이 강하여 5악이 퇴색된 자리이다.

(4) 안산이 물로 이루어진 수이대지의 자리이다.

(5) 우선룡이다.

31. 공군 대령 출신과 중령, 공군 사관학교 출신의 부모 묘지

경남 진주시 이반성면 평촌리 정수예술촌 지나자마자 우측 산 위
에 있는 묘지이다.

(1) 5악과 3성이 있는 곳이다.

(2) 좌선룡이며 우선수이다.

(3) 좌선으로 돌아간 곡맥이다.

(4) 안산이 없다.

(5) 혈의 4상이 와혈이다.

(6) 특히 3성에서 좌의 요성이 강하게 발달되어 있다.

32. 미숭산의 미숭 장군의 아래 민묘

고령의 반룡사 못가 우측골짜기 마을 뒷산에 위치한다.

(1) 직룡 입수이다.

(2) 5악과 3성이 있다.

(3) 특히 귀관요의 3성이 발달되어 있다.

(4) 5악에서 전순이 발달되어 있다.

33. 조익 부의 묘지

충남 예산군 신양면 신양리 산33－1번지에 2기가 위치하는데 부와 자가 역장으로 되어 있다. 조영중 지묘, 증의정부영의정행절충장군 첨지중추부사조공영중지묘 배증정경부인해평윤씨부좌(贈議政府領議政行折衝將軍 僉知中樞府事趙公瑩中之墓 配贈貞敬夫人海平尹氏祔左).

(1) 5악이 길하고 3성이 발달되어 있다.

(2) 우선룡이면서 좌선수로 배합이다.

(3) 특히 요성이 발달되어 선익이 뚜렷하다.

(4) 무슨 맥에 우선룡으로, 무슨 맥에 다시 우선룡으로, 용맥이 우선룡으로, 특히 발달되어 있다.

(5) 속기가 있는데 이 자리에는 조익의 본인이 위치한다.

(6) 안산에서의 응기점이 전순으로 도달이 되고 또한 안산이 감아주어 전순이 커서 순전으로 보아야 할 것으로 추측된다.

(7) 특히 이 자리는 전형적인 5악과 3성이 잘 갖추어진 자리로 판단되어 교육을 하는 장소로 했으면 하는 자리이다.

34. 상주의 잉어명당(권척의 묘)

상주시 공검면 율곡2리 능골에 위치한다.

(1) 우선룡이다. 물은 좌선수이며 앞에 진응수가 있다.

(2) 5악과 3성이 있다.

(3) 청룡과 백호가 가지런히 있다.

(4) 잉어 명당이라 한다.

35. 전주 최씨의 묘지

경북 김천시 감천면 무안리 15번지에 위치한다.

(1) 당배와 쌍귀이다.

(2) 5악이 있다.

(3) 선익이 뚜렷하다.

36. 식당 뒤 전영철 부모 묘 뒤의 민묘

경북 김천시 농소면 월곡리 598번지 순대 국밥집 식당 뒤로 전영철 부모 묘 뒤이다.

(1) 5악이다.

(2) 오른쪽 요성이 좋다.

37. 김수배의 묘지

경북 김천시 농소면 월곡리 산78번지로 이무영 학생반의 고조모이다.

(1) 5악이다.

(2) 3성이다.

(3) 좌선룡이다.

(4) 우선수이다.

(5) 백호국세이다.

※ 현직 검사와 은행장의 후손이 나온 곳이다.

38. 김천 농소면의 전씨 묘

김천시 농소면 월곡리 산91번지 마을회관 뒤에 위치한다. 전씨로 묘의 고인은 평범한 사람이나 아들은 면장을 하고 손자는 철도청의 부장을 한 자리이다.

(1) 5악이 있고 3성이 있다.

(2) 당배귀사가 좋다.

(3) 귀성과 입수가 같다.

(4) 좌선룡에 우선수다.

(5) 청룡이 물이 들어오는 수이대지이다.

(6) 90도 이상 꺾인 힘이 좋은 횡혈이다.

(7) 횡혈의 4가지 조건을 갖추었다. 즉, 귀가 있고, 떨어지고, 전순의 대가 있고, 바짝 붙여 썼다.

(8) 용진혈적의 자리이다.

(9) 물을 거수하는 용이다.

(10) 안산이 들고 있는 곳에 향을 하였다.

(11) 좌향은 임좌병향이다.

※ 암으로 구성된 것이 아니고 흙으로 이루어진 5악으로 특징이 있으며, 특히 3성이 흙이다.

39. 조익수의 묘지(曺益修 墓)

창녕 고려시대와 조선시대를 걸쳐 장군으로 지낸 병마절도사의 장수이다.

(1) 5악이 뚜렷하며 혈장이 크며 특히 혈장의 길이가 크다. 즉 입수와 전순의 길이의 거리가 길어 다른 혈장과는 비교된다.

(2) 입수는 들었던 곳이 확인된다.

(3) 매화낙지형의 돌혈이며 흙으로 된 선익이 선명하다.

(4) 특히 선익이 흙으로 되어 있다.

(5) 속기가 있으나 뒤가 낮지 않고 높다.

(6) 교과서에 있는 돌혈과 같다.

(7) 고려와 조선에 걸친 시대의 돌혈로 정혈은 밑으로 1m 내려오면 재혈이 바르게 된 것으로 판단된다.

(8) 풍수의 시작은 고려시대에도 있었음을 암시하고 있다.

(9) 3성인 요성과 귀성이 붙어 있다.

(10) 전체적으로 혈장이 들러져 있다.

(11) 좌선룡에 우선수이다.

(12) 본신룡으로 안산이 낮고 거리가 있어 안산 역할이 어려우나, 뒤로 후진하면 좌선룡으로 되는 경우에는 전순이 강하게 생기게 되는 것으로서, 이러한 경우에는 백호가 안산이 되어 국세는 백호 안대가 된다.

(13) 좌향은 남향이다.

(14) 혈장의 토질이 강한 마사토로 단단한 혈의 토양이다.

(15) 혈장 주변에 나무가 없어 태양을 잘 받는 곳이다.

(16) 앞이 열러 있고 높이가 높은 곳에 위치하고 있으나 청룡과 백호가 높아 조화가 있고 균형이 있는 곳이다.

※ 혈의 4상이 돌혈인데 매화낙지형의 돌혈로 돌혈은 우각이 있는 우각사보다는 매화가 떨어진 형태의 매화낙지형 돌혈이 원길로 치는데 이곳에는 매화낙지형의 돌혈로 원길하다고 본다.

40. 옻골 최씨 입향조의 묘지

대구 동구 평강동에 소재한 옻골마을 입향조의 묘지이다.

(1) 5악이 있는 곳이다.

(2) 3성이 있다.

(3) 묘지가 일렬종대로 되어 있으나 입향조의 묘지는 와혈이다.

(4) 재혈이 바로 되어 있다.

(5) 우선룡에 좌선수이다.

(6) 전순은 고총으로 되어 있으나 안산이 들어오는 역룡이다.

(7) 선익이 좋고 입수도 쌍분 속에 들어가 있어 확인은 어렵다.

(8) 아래 용진처에 입수와 전순이 좋고 오른쪽에 요성이 있는 자리가 비어 있다.

(9) 좌향은 묘좌유향이다.

※ 돌혈로 보이나 혈장에서 들고 벌려 있어 와혈이 되므로 이때 돌은 3성인 요성이 된다.

41. 송씨의 묘지

대전에 위치한 송시열의 묘지로 예식장과 같이하는 시내의 특이한 곳이다.

(1) 5악이 있는 곳이다. 특히 전순이 좋은데 안산이 금성의 창고사이다.

(2) 4개의 다리가 있는 우각사의 돌혈이다. 돌혈은 매화낙지가 좋

으나 우각이 있는 우각사도 길하다고 본다.

(3) 본신룡의 좌선룡이다.

(4) 좌선수이나 백호가 길하다.

(5) 5악이 흙으로만 되어 있으며 혈장이 넓게 형성되어 좋다.

(6) 용맥이 강룡이면서도 복룡의 형태이다.

(7) 아래에 있는 묘지와 비교된다.

(8) 한밭도서관 뒷산에 있는 '돌혈형 허화'와는 비교된다.

(9) 좌향은 임자이나 자좌가 되었으면 발복의 의미에서 길하다고
본다.

(10) 입수가 올라 붙어 있고 들어 있어 인작으로 된 입수와는 비
교된다.

※ 혈장에 비해 봉분의 규모가 크며 정혈이 바로 되었으면 한다.
즉 위쪽으로 올라오면서 용두가 오른쪽, 안산의 중심, 즉 전순
의 중앙에 들어왔으면 하는 아쉬움이 생긴다.

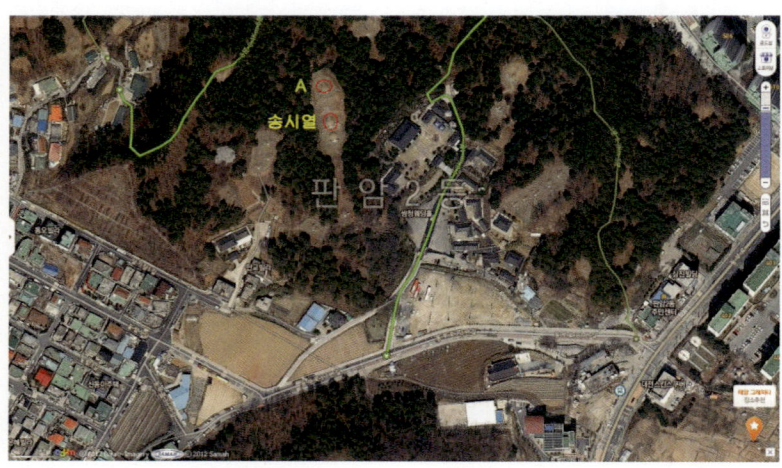

42. 포항의 도로가 진익룡의 묘

포항의 도로가에 있는 진익룡의 묘지로서 진씨 시조묘이다.

(1) 혈의 사상은 와혈이다.

(2) 좌향은 자좌오향이다.

(3) 우선익이 J자 이다.

(4) 좌선룡이다.

(5) 백호가 J자 모양이다.

(6) 청룡이 뚜렷하다.

(7) 연익이 있다.

(8) 속기가 도로로 약간 낮아 있다.

(9) 청룡과 백호가 논으로 되어 있다.

(10) 백호국세로 우선수이다.

(11) 백호 안산이다.

(12) 5악이 있고 전순이 우선익과 같이 되어 있다.

(13) 주변의 사신사가 형질변경으로 혈장 부변을 보기가 어렵다.

※ 우선익과 전순을 보아 종선과 횡선을 놓고 보면 전순 쪽으로
2m, 백호안대가 들어주는, 즉 꼬부려 주는 오른쪽으로 방향을
틀어 재혈하는 것이 길한 것 같으며 이러한 것에 아쉬움이 남
는 자리이다. 물론 후손들의 무궁한 번창을 기대해 본다.

43. 신유 장군의 묘

경상북도 칠곡군 약목면 남계리 산21에 있는 신현확 국무총리의 조상묘지이다.

(1) 5악이 있는 곳이다.

(2) 3성이 있다.

(3) 돌혈로 된 것처럼 보이나 벌린 것이 있어 와혈이다.

(4) 좌선으로 들어오나 우선 쪽이 두꺼워 우선룡이다.

(5) 혈의 3세는 인혈이다.

(6) 연익이 있다.

(7) 안산이 물을 거수하고 있다.

(8) 청룡이 좋아 좌선익이 강하게 발달되어 있다.

※ 혈판이 좁으나 너무 크게 만들어 요성 등이 깨어져 있으며 형질변경으로 혈판이 너무 커서 불완전한 것처럼 보이나 5악과 3성이 있는 자리이다. 특히 3성에서 귀성과 요성과 관성이 있어 장군처럼 거칠어 힘이 있어 보인다.

44. 전주 모악산의 김태서의 묘 - 김일성의 32대조 묘지

(1) 5악이 있다.

(2) 3성이 있다.

(3) 우선룡이다.

(4) 좌선수이다.

(5) 중심룡의 근저가 물을 거수하는 우선이다.

(6) 백호가 본신룡이며 청룡은 외산룡이다.

(7) 주산에서 입수룡이 강룡이다.

(8) 전순이 떨어져 있다.

(9) 입수에서는 들어서 벌린 형태의 개장이 있다.

(10) 혈상은 와혈이다.

(11) 백호도 거수를 한다.

※ 김일성과 김정일의 본은 같은 전주 김씨의 시조묘이나 발복의 연도 거리가 멀다. 32대조는 햇수로 보면 1대를 30년으로 보면 920년이기에 혈처가 좋은 곳이라 하여도 900여 년이라는 세월은 의미가 없고 따라서 지금의 실권자인 김정은과도 관계가 없다고 본다. 용의 종류는 강룡이다. 강룡은 힘으로 보면 최고의 용이다. 그러나 900년의 세월 동안 기가 흘러가려고 하면 5성 연주격과 같은 상생의 논리가 되어야만 가능하다. 즉, 수목화토금이나 금수목화토, 화토금수목으로 조산에서 주산으로 흘러와야 이러한 발복의 기원이 있다고 본다. 이러한 내용을 바탕으로 한 본 지역에서는 이것이 없다. 그러므로 900년이란 세월 동안 기의 발복은 기대할 수가 없다고 보는 것이다.

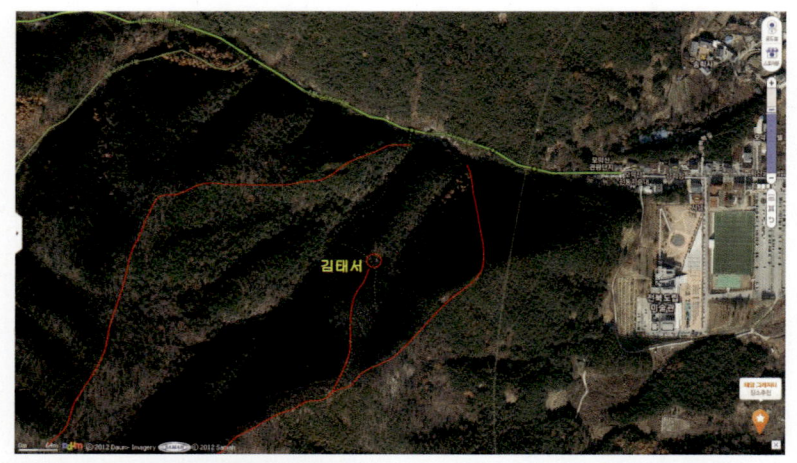

45. 창녕의 광주 노씨 시조묘(盧垓)

경상남도 창녕군 이방면 등심리 산89−2번지이다. 창녕에 있는 곳으로 노무현 대통령의 선대 묘지이다.

(1) 5악이 있다.

(2) 3성이 있고 특히 요성이 길하다.

(3) 주산이 일자문성의 토성이며 입혈맥이 있다.

(4) 혈의 4상은 와혈이다.

(5) 산 뒤에 산이 있다.

(6) 우선룡에 좌선수이다.

(7) 우선의 반혈로 전순이 길하다.

(8) 자기안이 있는 곳이다.

(9) 혈의 3세는 인혈이다.

(10) 입수맥의 용맥이 강룡이다.

(11) 입수맥의 입수가 급경사지에서 떨어진 곳이다.

(12) 급하게 용맥이 오면 완한 곳에서, 완한 곳에서는 급하게 되는 곳에서 자리가 된다.

(13) 양중음과 음중양이 있는 곳이다.

(14) 안산이 역룡으로 들어오는 산이다.

※ 주산이 일자문성이며 벌려서 입수맥이 강하다. 특히 용의 입수 맥이 분명하고 강하게 혈장으로 들어온다. 시조묘의 끝 부분, 즉, 경사지의 시작점에 자리가 있다. 음중양, 양중음이 있는 곳으로 입증이 되는 자리이다. 노무현 대통령의 조상 시조묘지이다. 전체적으로 판단하면 주산이 일자문성에 안산이 역룡으로 들어오는 산이며 입수룡이 강룡으로 5악과 3성이 모두 있는 원길의 자리로 보인다.

46. 박희도 장군의 조부 묘

경상남도 창녕군 이방면 거남리(부락명: 양정마을) 산70-1번지이다. 창녕에 있는 박희도 장군의 조부묘지이다.

(1) 5악이 있다.

(2) 3성이 있다.

(3) 혈의 4상은 와혈이다.

(4) 주산이 필봉으로 들어오는 산이다.

(5) 좌선룡에 좌선수로 백호국세이다.

(6) 혈의 3세는 인혈이다.

(7) 입수맥의 용맥은 강룡이다.

(8) 3성이 암석으로 되어 있다.

※ 3성 중에 관성이 있다. 자기안이 있고 안산이 길하여 전순이 들고 있어 분명하고 좋다.

47. 조민수(曹敏修) 장군의 묘

경상남도 창녕군 대합면 신당리에 위치한다. 경남 창녕에 있는 고려 시대의 장군으로 이성계와 위화도회군을 하였으나 전제개혁으로 이성계와는 적대시되는 장군이다.

(1) 5악이 있는 곳이다.

(2) 3성이 있다.

(3) 혈의 4상은 와혈이다.

(4) 좌선룡에 우선수이다.

(5) 백호국세이다.

(6) 백호국세이다.

(7) 혈의 3세는 지혈이다.

※ 고려시대 사람으로 형제인 조익수의 자리와 같이 5악과 3성이 있는 곳으로 풍수지리가 고려시대부터 발전되어 왔음을 직접적으로 증명되는 자리이다.

48. 동의의료원 뒤의 개인 묘지-1

부산의 부산진구 양정동 64번지에 있는 개인묘지이다.

(1) 5악이 있는 곳이다.

(2) 3성이 있다.

(3) 우선룡이다.

(4) 혈의 4상은 와혈이다.

(5) 음중의 양이 있는 곳으로 혈증이 분명하게 있는 자리이다.

(6) 좌향은 손사좌이다.

(7) 안산이 역룡이다.

(8) 1분합이 보인다.

(9) 들고 벌렸다.

※ 와혈에서 양이 있는 곳이 흔하지 않는데 이곳에서는 바로 이러한 것이 있다. 특히 5악이 다 있고 들러 진 양이 있는 특징이 있다. 양이 분명하다. 그래서 위로 올라가야 한다. 입정불입실의 자리이다.

49. 청도 김씨 김원하의 묘지-2

동의 의료원 뒤의 묘지이다.

(1) 5악이 있다.

(2) 3성이 있다.

(3) 음중양이 있는 곳이다.

(4) 우선룡이다.

(5) 안산이 있다.

(6) 혈의 4상은 와혈이다.

(7) 좌향은 손사좌이다.

※ 백호와 전순 쪽으로 이동해야 하는 명당 불입실의 자리이다.

50. 청도 김공휘 元河 지묘-3

(1) 5악이 있다.

(2) 3성이 있다.

(3) 안산이 금성이며 들어온다.

(4) 안산이 자기안이다.

(5) 좌향은 신술좌이다.

51. 동의대 병원 뒤의 사찰 앞에 있는 개인 묘지-4

부산 연제구 연산 6동 2041번지로 개인 묘지이다.

(1) 5악이 있다.

(2) 3성이 있다.

(3) 혈의 4상이 와혈이다.

(4) 안산이 청룡 안대이다.

(5) 청룡안대가 들어 있어 전순이 길다.

(6) 청룡의 국세이다.

※ 5악 중에서 우선익과 오른쪽에 3성의 하나인 요성이 길하다.

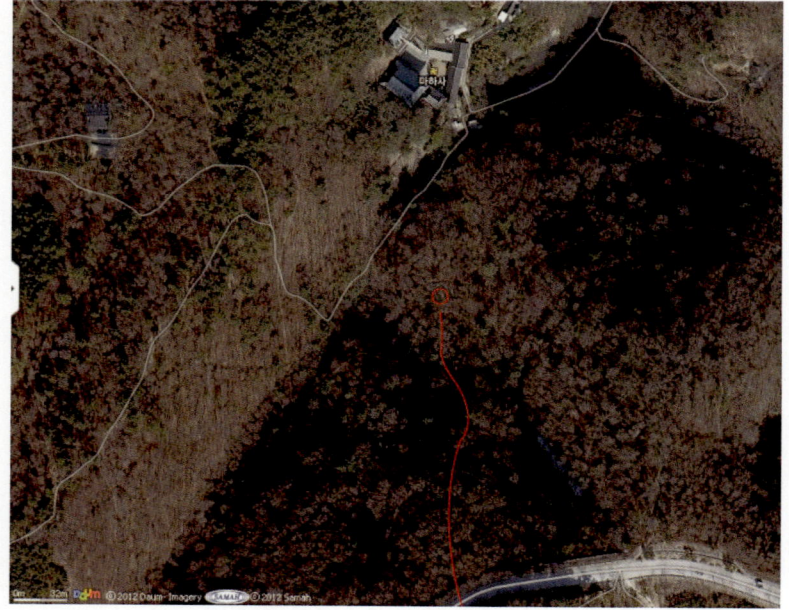

52. 부산 초읍의 어린이 대공원-1

부산직할시 연제구 거제2동 산139번지로, 학생경주김공휘용호지묘(學生慶州金公諱龍昊之墓) 개인 사설 묘지이다.

(1) 5악이 있는 곳이다.

(2) 3성이 있는 곳이다.

(3) 뿌리의 시작이 지각 출신이다.

(4) 혈의 4상이 와혈이다.

(5) 음중에서 양이 있는 곳이다.

(6) 마적이 있는 곳이다.

※ 음중에서 양이 분명하게 보이는 곳이나 조금 내려간 듯하며 선익이 분명한 곳으로 길한 곳이다.

53. 어린이 대공원 아래의 사설 묘지-2

부산시 부산진구 초읍동 201-3, 개인 묘지이나 후손이 병원 원장 등으로 발복이 잘된 자리이다.

(1) 5악이 있는 곳이다.

(2) 3성이 있는 곳이다.

(3) 혈의 4상이 와혈인데 혈증이 분명하다.

(4) 혈장 뒤에 벌린 곳이 있다.

(5) 우선룡이다.

(6) 속기가 도로로 되어 있다.

(7) 산 뒤에 산이 있다.

※ 부산의 시내에 있으며 보기는 대단하게 보이는 자리가 아니나 5악과 3성이 있어서 그런지는 모르겠으나 후손의 발복이 길하

고 혈증이 분명한 곳으로 원길로 보이는 곳이다.

54. 영천의 박헌기 국회의원의 부모 묘지

초등학교 졸, 사법고시 출신, 판사 출신, 3선 국회의원 등의 화려한 경력과 형제들의 유복한 가족관계가 있는 집안이다.

(1) 5악이 있는 곳이다.

(2) 3성이 있는 곳이다.

(3) 횡혈이다.

(4) 우선룡이다.

(5) 좌선수이다.

(6) 전순에 대가 있으며 물이 고여진 곳이 있다.

(7) 입수 뒤에 용맥은 위이가 있는 곳이다.

(8) 안산이 일자문성이다.

55. 정몽주의 부모 묘지

고려시대 문신이며 영의정을 지낸 정몽주의 아버지 묘지이다.

(1) 5악이 있는 곳이다.

(2) 3성이 있는 곳이다.

(3) 혈장 앞에는 지각이 있다. ─겸혈(장겸)─겸두에 재혈

(4) 좌선룡이다.

(5) 우선수이다.

(6) 백호국세이다.

(7) 안산에는 일자문성이 3개나 있다.

(8) 안산의 하단부가 역룡이다.

(9) 백호는 5익이 있다.

(10) 청룡은 들어오는 용이다.

(11) 본신룡의 종혈이다.

※ 형질변경이 되어 있어 혈장이 깨어져 있으나 여러 가지 형태를
　살펴보면 5악과 3성이 있는 곳으로 추측되며 봉분에는 꿩의 흔
　적이 있는 것으로 봐서 자연에 의한 혈자리로 유추된다.

56. 정승원

고려국예문응교지제고 동래정공승원지묘(高麗國藝文應敎知制誥 東萊鄭公承源之墓). 정사 선생의 증조모 묘지로서 예천 지보 만화2리 산64-1번지에 위치한다.

(1) 5악이다.

(2) 3성이다.

(3) 우선룡이다.

(4) 유좌이다.

※ 좌선룡에 위치하면 안산에 자연스럽게 향이 되며 위로 올라오면 건해좌를 하면 하는 아쉬움이 남는다.

57. 정해의 묘지

정사 선생의 조부로서 지보 신풍리 1263번지로, 영모제 뒤 피악 골 경로당 뒤에 위치한다.

(1) 5악이다.

(2) 좌선룡이다.

(3) 백호 국세이다.

(4) 계축좌이다.

※ 좌선룡에 우선수로 백호 국세이다.

58. 정옹의 자리

홍문수찬동래정공옹지묘(弘文修撰東萊鄭公雍之墓). 정사 선생의 형으로 완담서원의 뒤(청룡 줄기)이다.

(1) 5악이다.

(2) 지각 출신이나 지현이 되어 있다.

(3) 연익이 있다.

59. 신라대학교 설립자(박영택)의 부모 자리

울산 언양 다개리 산97번지에 위치한다. 박문욱의 자리이다.

(1) 5악이다.

(2) 3성이다.

(3) 우선룡이다.

60. 의성 김씨 매암 선생의 묘지

청송 도동에 위치한다.

(1) 5악이다.

(2) 3성이다.

(3) 연익이 좋다.

61. 기자전 참봉 지양의 묘지

의성 김씨로 57 매암 선생의 묘지 위에 위치한다.

(1) 5악이다.

(2) 3성이다.

(3) 전순이 좋다.

62. 예천 용궁의 좌선룡

(1) 5악이다.

(2) 3성이다.

(3) 자기안이다.

(4) 당배귀사이다.

63. 안동의 3태사중 장태사 묘지 근방의 장씨 묘

(1) 5악이다.

(2) 3성이다.

(3) 거수이다.

(4) 우선룡이다.

(5) 좌선수이다.

64. 권태사 묘지 근방의 민묘

(1) 5악이다.

(2) 3성이다.

(3) 좌선룡이다.

(4) 우선수이다.

※ 전순이 3각형의 타원형의 원길-특히 취순이 좋다

65. 안동 풍천의 민묘

(1) 5악이다.

(2) 우선룡이다.

(3) 좌선수이다.

(4) 선룡 선수가 합국이다.

(5) 전순이 길하고 안산이 길하다.

(6) 혈의 4상은 돌혈이다.

(7) 거수를 한다.

(8) 좌향은 남면이다.

※ 정혈이 되어 있지 않다. 상하 묘지의 중간이 정혈이다. 우선룡

에 좌선수로 거수를 하고 있으며 남향을 하여 길한 자리로 판단된다.

66. 신라 6부촌의 하나 경주 정씨의 시조 묘

(1) 5악이다.

(2) 3성이다.

(3) 우선룡이다.

(4) 좌선수이다.

(5) 안산이 역룡이다.

(6) 혈이 크다.

※ 전순이 요성의 힘을 받아 둥글게 되어 있고 길하다.

67. 영천 이씨 입향조 이학동의 묘지

의성 봉양 신평리에 위치한다.

(1) 5악이다.

(2) 3성이다.

(3) 와혈이다.

(4) 우선룡이다.

(5) 청룡 안대가 역룡이다.

※ 안산이 백호안대로서 좌향이 되어 있으나 청룡안대로 하면 정혈이 될 것으로 판단된다.

68. 팔공산 도립공원 밑에 있는 문화 유씨 묘

(1) 5악이다.

(2) 3성이다.

(3) 돌혈이다.

(4) 우선룡에 중심룡이다.

(5) 청룡 안대이다.

(6) 자좌오향이다.

※ 팔공산 도로로 맥이 잘려져 있어 후환이 염려되나 당초에는 5 악과 3성이 있어 길한 것으로 판단된다.

69. 군위 부계에 있는 문암당(文巖堂)

旅庵 申瑞龍이 1807년에 서당으로 건립한 것으로 붕괴되어 1886년 에 중건하여 사용한 것으로 되어 있다.[24]

(1) 5악이다.

(2) 3성이다.

(3) 우선룡이다.

(4) 좌선수이다.

(5) 와혈의 의혈이다.

(6) 급경사지에 위치이다.

※ 양택으로 되어 있으나 5악과 3성으로 혈의 규모가 작아 음택으로 하였으면 하는 생각이 되며 급경사에 혈이 매달려 있는 것으로, 괴혈의 의혈이 되는 것으로 판단된다. 전순이 길하고 관성이 크게 붙어 있어 길한 것으로 분석된다.

---

24) 군위마을지에서 발췌하고 부계면사무소 직원에게 문의하여 정리하였다.

70. 성주 도씨 민묘

증가선대부 겸제성주도공지묘이다.

(1) 5악이다.

(2) 와혈이다.

(3) 안산이 청룡안대로 역룡이다.

(4) 거수를 한다.

(5) 우선룡에 좌선수이다.

※ 도하정의 아래에 위치한 묘지로 입수 부분에 고총이 있으며 청
   룡안대가 역룡으로 전순이 발달되어 있다.

71. 박세직의 증조부묘

군위군 군위읍 금구2리에 위치한다.

(1) 5악이다.

(2) 3성이다.

(3) 우선룡에 좌선수이다.

(4) 거수이다.

(5) 입수맥이 인작인 것처럼 분명하다.

※ 5악과 3성이 있어 장군의 후손이 예상되는 자리이다.

72. 풍천 박한남의 묘지

증차헌대부병조판서행가선대부예천도호부사풍봉밀양박씨지묘. 경북 군위군 군위읍 금구1리 마을회관 뒷산에 있다.

(1) 5악이다.

(2) 3성이다.

(3) 자기안이다.

(4) 우선룡에 중심룡이다.

(5) 청룡과 백호의 응기점이 길하다.

※ 청룡과 백호가 열려 있는 추족의 현상이 있으며 이런 이유로 혈은 중출맥의 안쪽으로 들어가 있는 곳에 위치하며 자기안의 거리가 50여 미터로 가까이 있어 속발복의 현상이 나타난다.

73. 한만손

경상북도 성주군 벽진면 가암리 160−5번지, 병마절도사 청주 한 씨 14대손으로 부인과 아들 15∼17대까지와 부인이 역장으로 특이 하다. 자리가 명당순으로 이용한 것으로 추정된다. 즉 묘지의 사용 순서는 나이와 계급과 남녀, 계급 및 세대의 순위가 아니라 사자의 순서로 이루어진 것으로 보인다. 성주군 벽진면 사암리 고속도로의 아래에 위치한다.

(1) 5악이 있다.

(2) 백호 국세이다.

(3) 좌선룡이다.

(4) 혈의 4상은 와의 혈증이 없고 좌선과 우선으로 지현이 되어 있어 유혈로 보인다.

(5) 오른쪽에 요성이 있다.

(6) 중심룡에 위치한다.

(7) 우선수이다.

(8) 안산이 청룡안대로 되어 있다.

※ 5악의 위치에 정확하게 정혈된 것으로 보이며 혈의 크기가 큰 것으로 판단된다.

74. 고시생 2명이 난 묘지이다

경북 성주군 월항면 용각리 198번지이며, 이근채의 장녀(이해선 행정고시), 차녀(이민희 사법고시)가 있는데, 언니는 성주에 있고 행정고시를 했으며, 동생은 사법고시를 한 묘지이다.

(1) 5악이다.

(2) 3성이다.

(3) 백호국세이다.

(4) 청룡도 길하다.

※ 백호의 응기점이 길하고 우선익이 길이며 좌선익도 길하다.

75. 고시생과 같은 곳에 있는 묘지

영일 정씨로, 경북 성주군 월항면 용각리 1270−19번지이다.

(1) 5악이다.

(2) 3성이다.

(3) 안산이 길이다.

76. 서필(통정대부 달성 서씨)

대구시 달성군 다사읍 이천리 446번지이다.

(1) 5악이다.

(2) 3성이다.

(3) 우선룡이다.

※ 앞이 열려 있어 주산 쪽으로 이동하여야 혈이 되는데 이 자리
   가 그렇다.

77. 퇴계 이황 선생의 고조모

이황의 호는 퇴계이며 계천의 의미를 가진 호이다. 안동시 도산면의 도산서원 너머에 위치한다.

(1) 5악이다.

(2) 3성이다.

(3) 우선룡이다.

(4) 좌선수이다.

※ 혈은 조금 내려 왔으면 한다.

78. 이황 선생의 증조모의 묘지

(1) 5악이다.

(2) 자기안이다.

(3) 우선룡이다.

※ 자기안이 좋아 전순이 원길이다. 도산면 온혜리에 있는 이황 선생의 선대 묘지는 위에서 조모, 조부, 어머니와 그 밑에 부친 등이 있다.

79. 김씨의 민묘

안동교도소에서 북쪽으로 진행하면 죽전교 다리 못 가 우측에 위치한다. 박정희 국가최고재건회의의장의 경호실장인 김 선생의 자리이다.

(1) 5악이다.

(2) 3성이다.

(3) 좌선룡이다.

(4) 거수이다.

(5) 계수즉지이다.

(6) 미좌축향이다.

※ 3성이 암석으로 되어 있어 무관출신임을 알게 하는 자리이다.
　입수 쪽으로 이동하고 거수하는 방법으로 정혈이 되었으면 한다.

80. 조몽길의 묘지

합천 묘산 산제리 가야마을 오산재 현무에 위치한다.

(1) 5악이다.

(2) 3성이다.

(3) 거수이다.

81. 민묘

합천 쌍백 외초리에 위치하며 이명열 선생이 점혈한 곳이다.

(1) 5악이다.

(2) 3성 이다.

(3) J자의 전순이 특징이다.

※ 입수 뒤에 여러 기수의 점혈이 있으며 요도가 발달되어 지현이
　좋아 길하다.

82. 경산 청도의 경계인 의장가는 길의 하천 변의 민묘

(1) 5악이다.

(2) 3성이 바위이다.

83. 합천 안회장의 청룡 근저에 있는 군위 방씨의 묘지

(1) 5악이다.

(2) 3성이다.

(3) 우선룡이다.

(4) 맥로가 완전히 틀어 마을을 보고 있다.

84. 신진욱 국회의원의 부모

(1) 5악이다.

(2) 3성이다.

(3) 우선룡이다.

(4) 좌선수이다.

(5) 암공수이다.

(6) 청룡 안대의 안산

※ 속기 부분의 묘 뒤에 생지 자리 있음. −J자 자기안

85. 신진욱 국회의원의 고조모 묘지

(1) 5악이다.

(2) 3성이다.

(3) 우선룡이다.

(4) 좌선수이다.

(5) 암공수이다.

(6) 청룡 안대이다.

86. 신진욱 국회의원의 증조모 묘지

(1) 5악이다.

(2) 3성이다.

(3) J자 자기안이다.

(4) 좌선룡이다.

(5) 우선수이다.

87. 검무산 도청의 청룡 줄기의 민묘

(1) 5악이다.

(2) 3성이다.

(3) 우선룡이다.

(4) 좌선수이다.

(5) J자 자기안으로 좌선익과 전순이 같이 되어 있다.

88. 안철수의 입향마을에 있는 민묘

(1) 5악이다.

(2) 3성이다.

(3) 우선룡 좌선수이다.

※ 우선익과 전순이 길, 혈판 훼손으로 설기가 많다. 땅부자(부인의 말)이다.

89. 윤영탁 국회의원의 부모 묘지

경산시 용성면 가척리 25번지에 위치한다.

(1) 5악이다.

(2) 좌선룡 우선수이다.

※ 상혈이 되어 있다.

90. 밀양 박씨 묘지

경산시 용성면 매남리 1514번지에 위치한다. 동아임장 가는 길의 반대편 골짜기의 못을 지나 산길로 진행한다.

(1) 5악이다.

(2) 3성이다.

(3) 우선룡 좌선수이다.

(4) J자로 90도 이상 굽어져 있어 길한 요소가 있다.

※ 상혈이 되어 있다. 양택지가 있다.

91. 성주 가야호텔 입구의 밀양 박씨 민묘

(1) 횡혈이다.

(2) 귀성이 길이다.

(3) 5악이다.

(4) 3성이다.

(5) 좌선룡에 우선수이다.

※ 상혈되어 있다.

92. 봉화 물야 이도령 가는 길

(1) 5악이다.

(2) 3성이다.

(3) 좌선룡이다.

93. 봉화 물야 이도령 가는 길의 못 위

(1) 5악이다.

(2) 좌우 선익이 벌렸다.

(3) 와혈이다.

(4) 안산이 응해준다.

(5) 백호 안산이다.

(6) 괴혈의 형태이다.

※ 못가의 물이 많아 봉분이 습하다. 물은 거수가 되지 않으나 면
   전에 저수지로 물은 충분히 있고 저장성이 뛰어나다. 큰아들은
   육군 중령, 둘째는 박사, 셋째는 대기업 회사원이다.

94. 봉화읍에서 영주 가다가 오른쪽 골짜기-물야

(1) 5악이다.

(2) 3성이다.

(3) 돌혈이다.

(4) 좌선룡이다.

(5) 우선수이다.

(6) 선룡 선수가 거수이다.

(7) 맥로가 120도 이상 꺾어 돌아간다.

※ 혈장 주변이 형질변경이 많아 추한 땅으로 보인다. 혈장 아래
   가묘를 설치했다.

95. 구미 선산 무을면 궁계리 일원 평해 황씨 묘

(1) 5악이다.

(2) 3성이다.

(3) 우선룡이다.

(4) 거수이다.

※ 100억대 거부－우선룡, 후손이 귀－박사 등의 관직을 가진 후
   손이다.

96. 창원 김상도(김달진 시인의 증조부)의 민묘

경남 창원시 진해구 소사동 48번지이다.

(1) 5악이다.

(2) 3성이다.

(3) 평지 돌혈이다.

(4) 좌선룡이다.

(5) 우선수와 거수이다.

※ 문필가, 감사원장 등을 배출했다.

97. 경남 산청군 차황면 상중리 631번지 박종춘의 부(최우영)

(1) 5악이다.

(2) 3성이다.

(3) 좌선룡이다.

(4) 우선수이다.

(5) 거수이다.

(6) 계축좌─부절이다.

※ 1남은 금융기관 근무, 2남은 500억대 이상의 재력가, 3남은 사업가인데 아버지 때에는 매우 가난했다.

98. 경기 남양주 와부읍 덕소리 산5 김번 묘지

(1) 5악이다.

(2) 3성이다.

(3) 당배와 쌍귀이다.

(4) 자기안이다.

(5) 와혈이다.

(6) 자좌이다.

(7) 8대 명당답다.

99. 김번의 청룡줄기에 위치한 양천 임씨 감찰공파시조 임유손의 묘

경기도 남양주시 와부읍 덕소리 312－8번지이다.

(1) 5악이다.

(2) 3성이다.

(3) 겸혈－곡겸이다.

(4) 건해좌－실제(임좌)이다.

(5) 우선룡으로 해좌가 적당이다.

100. 대구 서씨의 묘지

경상북도 화북면 정각리 65번지로 정부인 서씨 묘이다. 이무영 선생의 안내로 마을 안이다.

(1) 5악이다.

(2) 3성이다.

(3) 우선룡이다.

(4) 좌선수－거수이다.

(5) 오른쪽에 요성, 귀성과 관성이 있다.

(6) 안산이 호이다.

101. 북영천에서 화북으로 가다가 계곡 건너 영천시장의
조부모의 묘

경상북도 화남면 선천리 1446−51번지 인근이다. 유일정공휘재균
지묘이다.

   (1) 5악이다.

   (2) 3성이다.

   (3) 좌선룡이다.

   (4) 우선수이다.

   (5) 백호 호이다.

   (6) 건해좌이다.

   ※ 할아버지의 묘지가 강기와 같은 특징으로 아들이 민선 면장과
      손자가 영천시장을 한 결과이다.

102. 성주 선남면 물가의 민묘

경북 성주군 선남면 동암리 182번지로 참외농장 옆의 산이다.

(1) 5악이다.

(2) 3성이다.

(3) 우선룡이다.

(4) 당판의 앞에서는 물이 빠져 나가나 상부에서 합수가 되면서
    우선수로 나간다.

(5) 용진처이다.

※ 판사와 잘된 후손이 많다.

103. 윤보선 대통령 부모 자리

충남 아산시 음봉면 동천리 87-3

(1) 5악이다.

(2) 3성이다.

(3) 우선룡이다.

(4) 안산 부분에 역룡이 오고 혈판을 막아주는 사가 있다.

104. 해주 오씨 오상의 묘

경기 안성시 양성면 덕봉리 마을 뒷산에 있다.

(1) 돌혈이다.

(2) 우선이다.

(3) 5악이다.

(4) 3성이다.

105. 해주 오씨

※ 겸혈의 결지 여부 즉, 혈증의 의미를 알아야 한다.

106. 주부 유득주(兪得珠)의 묘

경북 고령군 고령읍 장기리 산24번지로 고령읍에서 강 건너 우측 마을에 위치한다. 기계 유씨 시조 묘이다.

(1) 5악이다.

(2) 3성이다.

(3) 우선룡이다.

(4) 좌선수이다.

(5) 안산은 역룡이다.

(6) 산곡 대돌의 돌혈이다.

(7) 안산이 열려 있으나 청룡이 거수로 길이다.

(8) 갑묘좌이다.

※ 위로 점혈되어 있으나 밑으로 내려와야 한다.

107. 사수동에서 박곡 가는 우측의 추계 추씨 묘

(1) 겸혈－장겸이다.

(2) 5악이다.

(3) 3성이다.

(4) 좌선룡이다.

(5) 겸두 or 전순 위 확인을 요 한다.

108. 성주군 벽진면 외기리 마을 물 건너 동쪽 산

성주 도씨 도경기(都慶基)의 묘지이다. 이 묘지는 종렬로 나란히 있는 3기 중에 2번째 위치하는 묘지로 급경사 중에 완경사에 있다.

(1) 와혈이다.

(2) 서향이다.

(3) 5악이다.

(4) 3성이다.

(5) 청룡과 백호가 길하다.

(6) 주산이 좋다.

※ 전순이 우선익과 같이 붙어 있고 떨어져 있다. 후손들의 발복
  이 기대된다.

109. 대구 배씨들의 문중 묘지

경북 칠곡군 지천면 아카시아 벌꿀 축제장 옆 산 능선에 있다.

(1) 5악이다.

(2) 3성이다.

(3) 와혈이다.

※ 2m 정도 밑으로 처져 위치해 있다. 와혈의 혈증이 보이는 곳이다.
  그러므로 정혈이 되어 있지가 않다.

110. 김해 김씨 김재찬의 묘

경북 고령군 쌍림리 산주길 45번지로 동네 안에 있다. 고령 신씨
8대 명당 가는 길의 동네에 있다. 평범한 묘지로 보이나 좋다. 이분
의 증손자가 고등학교를 졸업하고 경감의 경찰공무원이며 후손이
잘되어 있다.25)

(1) 5악이다.

(2) 3성이다.

---

25) 증손자 왈, 경찰 정년을 한지 7년이 되었으나 형편이 좋지 않아 학교를 많이 하지 못해 경감으
   로 정년을 하였다고 한다. 뛰어난 후손은 없으나 그런대로 다 잘 되었다고 한다.

(3) 좌선룡이다.

(4) 우선수이다.

(5) 혈의 사상은 천와와 활와의 와혈이다.

(6) 안산이 안아준다.

(7) 좌향은 자좌이다.

111. 고령 신씨 8대 명당

고령군 쌍림면 산주길 45번지로 8대 명당으로 소문이 나있는 곳이다.

(1) 전순이 'J'이며 입수는 형질변경이 되어 찾지를 못하는 형편이다.

(2) 우선룡이다.

(3) 청룡의 들은 곳이 돌아 나가는 형상이다.

(4) 대부분의 백호가 나가는 형상이다.

(5) 백호 안산의 대부분이 나가는 형상이다.

(6) 지금 자리의 백호의 일부가 들어오는 형상이며 안산의 일부가 역룡이다.

(7) 경유좌이다.

※ 8대 명당의 논리보다는 혈증(J자의 전순)이 있는 것으로 판단된다.

112. 생지의 땅

고령 IC에서 반룡사 들어가는 입구로 오른쪽의 야산이다.

(1) 돌혈형의 와혈이다.

(2) 우선룡이다.

(3) 좌선수이다.

(4) 물을 거수하는 곳이다.

※ 일반 분묘가 있으나 정혈에 들어가지 못했다.

113. 개인 민묘

성주군 선남면 관화리 산42-4번지로 석담농원 뒤에 있다. 돌혈이다.

(1) 5악이다.

(2) 3성이다.

(3) 좌선룡이다.

(4) 우선수이다.

(5) 지금은 을진좌인데 손사좌를 해야 한다.

양택

1. 낙봉서원

(1) 우선룡이다.

(2) 백호국세이다.

(3) 백호의 안산이다.

(4) 국세가 크다.

(5) 물빠짐이 보이지 않는다.

2. 마하사(부산)

(1) 좌선룡이다. - 좌선의 흐름룡을 알자.

(2) 우선수이다.

(3) 주산과 안산이다.

(4) 청룡과 백호이다.

(5) 삼성각과 대웅전의 좌향이다.

(6) 용진처는, 용진혈적이다.

(7) 삼성각과 대웅전에서의 거수이다.

(8) 마하사의 곡맥이다.

(9) 규모가 작다.

(10) 형국은 금계포란형이라고 하는데 맞는지

3. 지현서당

(1) 횡혈이다.

(2) 혈맥이 보이는 곳이다.

(3) 좌선룡이며 우선수이다.

(4) 이 자리는 마지막으로 용진한 용진혈적의 자리이다.

※ 박헌기 국회의원이 공부한 곳으로 동네주민들은 말하고 있으
   며, 혈은 횡혈이면서 양택으로 이루어진 보기 드문 곳이다.

4. 도원록 가옥

경북 성주군 벽진면 운정2리 256－1번지에 위치한다. 전화는 011－
824－4428번이다.

(1) 5악이 있다.

(2) 와혈의 양택이다.

(3) 물을 거수한다.

(4) 그 집의 아들이 담배인삼공사 이사와 건설업계의 중역이다.

5. 윤보선 대통령의 생가

6. 박정희 대통령의 생가

7. 전두환 대통령의 생가

8. 노태우 대통령의 생가

9. 김영삼 대통령의 생가

10. 파계사(대구 팔공산)

(1) 겸혈 – 쌍겸이다.

(2) 우선이다.

(3) 남향이다.

11. 영주의 고시생 나온 집

한 집안에서 아들, 딸, 며느리, 사위가 고시 출신이다.

(1) 5악이다.

(2) 3성이다.

(3) 거수이다.

양기

1. 삼광사

(1) 백호국이다. – 백호국의 흐름 용을 알자.

(2) 우선룡이다.

(3) 대웅보전의 좌는

(4) 지관전의 좌는

(5) 안산은

(6) 청룡과 백호는

(7) 비보는 - 법화삼매당

(8) 이 절의 규모는 - 백호국의 의미는

(9) 삼양산에서 내려온 백호는

(10) 용진처는 - 용진혈적은 - 대웅보전과 지관전의 자리

(11) 대웅보전과 지관전에서의 거수는

(12) 규모가 대단하다.

2. 보광사

수성구 범물동 동네 중앙에 위치한다. 입수맥이 좋고 백호국세로 부가 보이는 길한 자리이다. 양기풍수의 본산이다.

(1) 백호가 길해 백호 국세이다.

(2) 입혈맥이 있다.

(3) 양택이 아니고 양기적인 풍수의 자리이다.

3. 벽진 중학교

벽진면 소재지 북쪽 언덕에 위치한다.

(1) 청룡국세이다.

(2) 양기를 가진 곳이다.

4. 진해구청
5. 경북도청(대구)
6. 경복궁

참고문헌

김희철, 『묘지답사안내』.

경기도, 『경기도사』, 1982.

라학천, 『라학천비결』, 팔도명산비, 필사본.

이몽일, 『한국풍수사상사』, 명보문화사, 1991.

이숭녕, 『국어대사전』, 민중서관, 1978.

이중환, 『택리지』, 복거총론, 인심조.

이정운, 『음택비결』 제5권(한국명당기).

이재영, 「조선왕릉의 풍수지리적 해석과 계량적 분석 연구」, 동방대학원대학교 박사논문, 2009.

이재영, 「조선왕릉의 풍수지리적 해석과 특성 연구」, 『남도문화연구』, 순천대학교 남도문화연구소, 2012.

이태호, 『새로 쓰는 풍수지리학(큰 명당은 착한 이의 것이다)』.

이훈석, 「음택풍수의 이론과 실제에 관한 연구」, 대구한의대학교대학원 석사논문.

양삼열, 「경주 최부자 가문의 풍수지리 입지 연구」, 대구한의대학교 대학원 석사논문, 2013.

장익호, 『유산록』.

최명우, 『이곳이 한국 최고의 명당 - 최명우 풍수 답산기)』.

최영주, 『한국풍수』, 동학사.

이재영 ————————————————————————————————

 동방대학원 풍수지리학 박사(풍수지리학 1호, 2009)
 대구한의대학교 풍수지리학 석사
 경북대학교 행정학 학사
 전) 동방대학원대학교 박사과정 풍수지리학과 강의교수
    동의대학교 재무부동산학과 풍수지리학과 강사
    대구대학교 평생교육원 풍수지리학과 강사
    대구한의대학교 평생교육원 풍수지리학과 관산 강사
    대구수성대학교 평생교육원 풍수지리학과 강사
    대구가톨릭대학교 평생교육원 부동산아카데미 풍수지리학과 강사
 현) 대구한의대학교 사회개발대학원 석사과정 풍수지리학과 강사
    필리핀 이리스트 국립대학교 동양철학부 풍수지리학과 부교수
    대구한의대학교 평생교육원 풍수지리학과 강사

『절터를 보면 풍수를 안다 -오소를 알면 반풍수 -』(한국학술정보(주), 2011, 공저)
「조선왕릉의 풍수지리적 해석과 계량적 분석 연구」(박사학위 논문)
「산림경제의 사신사 수목 연구」(석사학위 논문)
「조선왕릉의 풍수지리적 해석과 특성 연구」
「풍수논리에 적용되는 용·수의 길흉 연구」
「풍수비보의 적용사례 연구」

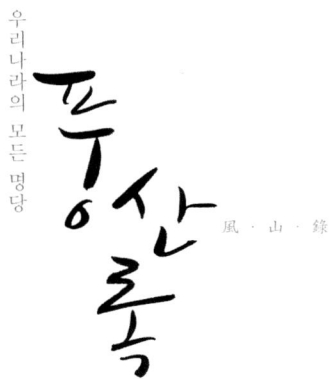

우리나라의 모든 명당

풍산록 風·山·錄

초 판 인 쇄 | 2013년 7월 26일
초 판 발 행 | 2013년 7월 26일

지 은 이 | 이재영
펴 낸 이 | 채종준
펴 낸 곳 | 한국학술정보㈜
주 소 | 경기도 파주시 문발동 파주출판문화정보산업단지 513-5
전 화 | 031) 908-3181(대표)
팩 스 | 031) 908-3189
홈 페 이 지 | http://ebook.kstudy.com
E - m a i l | 출판사업부 publish@kstudy.com
등 록 | 제일산-115호(2000. 6. 19)

ISBN 978-89-268-4378-9 93980 (Paper Book)
978-89-268-4379-6 95980 (e-Book)